JN108260

身近なネットワークサービス

葉田善章

（改訂版）身近なネットワークサービス（'20）

装丁・ブックデザイン：畑中　猛

o-26

まえがき

コンピューターやネットワークに関連する技術は着実に進化し続けています。数年前の状況を振り返ってみましょう。インターネット回線が家庭に入るようになり，スマートフォンが1人1台といっていいほど普及するようになりました。人と連絡を取るのもSNS経由が増え，電話をかけることが減ってきました。私たちの生活のしかたが技術の進歩と共に変わりつつあるといえます。

スマートフォンは，持ち運んでさまざまな場所，状況で使うことができる小型コンピューターです。アプリの入手によって提供される機能が変化し，さまざまな用途に対応します。ほとんどのアプリは，ネットワークに接続した状態で使うようになっています。これは，必要なデータを入手したり，一部の処理をネットワークで行うためです。

ネットワークにある，データを蓄積したり，処理を行うコンピューターが集まったところをクラウドといいます。スマートフォンを操作していても，その操作を実際に処理しているのはクラウドのコンピューターということが増えています。このように，さまざまな処理が目の前にあるコンピューターとネットワークの組み合わせで対応されるようになりました。

ネットワークは，コンピューターとコンピューターをつないでデータをやりとりするためのしかけです。音楽や動画のように大きなデータとなるメディアの取り扱いがネットワークの高速化によって可能となり，ネットワークやコンピューター，ソフトウエアやハードウエアといったさまざまな技術が組み合わさってネットワークサービスが実現されています。

本書では，身近になった「ネットワーク」によって提供されるサービスに焦点を当てて，コンピューターによって私たちの生活がどのように変わるのか考えます。ネットワークの基本的な知識，通信を考えるためのモデル，通信プロトコル，コンピューターの利用形態などネットワークを理解するための基礎について学んだ上で，ネットワークサービスを考えるために欠かすことができない，ネットワークに接続されるコンピューターのしくみや，仮想化されたコンピューターなど，関連するコンピューター技術についても考えます。ネットワークを使った応用として，ホームネットワークやM2M/IoT，自動車といった，比較的新しい話題についても紹介します。

コンピューターは私たちの生活を便利に，そして，快適にするために，さまざまなところで使われるようになりました。これまではそれぞれ独立して動作していましたが，ネットワーク機能の搭載によって，コンピューターどうしが人間を介さずに情報のやりとりを行えるようになります。この情報のやりとりを応用し，人間工学や心理学のような知見を応用することで，私たちの生活を豊かに，そして便利にするためのサービスが提供されるようになりました。本書では，さまざまなモノによるネットワークによって実現されるサービスについて考えます。

コンピューターやネットワークに関する技術の発展は今後もとどまることなく進み続けるでしょう。ネットワーク技術の高度化や高速化とともにコンピューター技術も進歩し，私たちに提供されるサービスも高度化しています。本書が，変化しつつある情報化社会を理解する一助になりましたら幸いです。

2020年春

葉田　善章

目次

1 ネットワークによるサービス

《目標＆ポイント》 本科目の概要について述べる。これから学ぶコンピューターネットワークに関する基本について整理し，接続されるコンピューターやネットワークの分類，ネットワークにより提供されるサービスについて学ぶ。PCやモバイル端末，メディアプレーヤー，AV機器，生活家電，自動車で用いられるコンピューターやネットワークについて学ぶとともに，ネットワークが提供する仮想世界や実世界との関係，生活支援などについて考える。
《キーワード》 コンピューター，ネットワーク，サービス，実世界，仮想世界

1.1 身近になったコンピューター

この本を手にしているあなたは，どんな**コンピューター**（computer）を使っているだろうか。ネットワークの科目なのにコンピューター？と思われるかもしれない。しかしながら，**ネットワーク**（network）は「コンピューターネットワーク」と言われることもあるように，**モノ**（things）とも呼ばれるようになったコンピューターの利用と密接に関わる。本題に入る前に，身の回りにどのようなコンピューターがあり，どのように使われているか考えよう。

1.1.1 パソコン

コンピューターといえば，**パソコン**（**PC**（ピーシー）：Personal Computer）を思い浮かべる人が多いかもしれない。文字などを入力するキーボード（keyboard）とマウス（mouse）に代表されるポインティングデバイス（pointing device）を持ち，利用目的に合った**アプリケーションプログラム**（application program）を用意して利用する。本書では，アプリケーションプログラムを**アプリケーション**（application），**アプリ**（appli）と表記する。

据え置きで使うデスクトップ PC（desktop PC）や，移動を考慮した構造を持つノート PC（note PC），ノート PC より小型で持ち運びに特化した UMPC（Ultra Mobile PC），2-in-1 と呼ばれるノート PC やタブレット（tablet）の形態に変形できる PC などさまざまな形態があり，利用者が用途に応じて選択できるようになっている。

1.1.2　モバイル端末

近年，普及が進んだコンピューターとして持ち運びできるモバイル端末がある。スマートフォンやタブレットなどである。

スマートフォン（smartphone）は，持ち運びを考慮した大きさであり，画面サイズは 5 インチ以下のものが多い。通話や通信の機能を搭載し，画面に触れて操作ができるタッチパネル（touch panel）を持つ。そして，Android や iOS などのモバイル向けの **OS**（Operating System）を搭載しており，利用目的に合った機能を持つ**アプリ**（appli，アプリケーションプログラムの略称）を追加して利用する。本書で特にアプリと表記する場合は，モバイル端末向けのアプリケーションをいう。

タブレット（tablet）は，スマートフォンよりも大きい画面を持つ板状となった，タッチパネルにより操作を行うコンピューターである。Android や iOS といったスマートフォンと同じ OS を搭載する端末だけでなく，PC で使われる Windows などの OS を搭載する端末もある。**タブレット PC** ということもある。

明確な定義はないが，スマートフォンとタブレットの中間にある画面サイズが 5.5 インチ以上，7 インチ未満の端末は，**ファブレット**（phablet）

と呼ばれることもある。スマートフォンとタブレットを組み合わせた言葉である。本書では，スマートフォンやタブレットのようなコンピューターをモバイル端末と表現する。

1.1.3　メディアプレーヤー

次に，音楽や映像などのコンテンツを再生するメディアプレーヤーに注目してみよう。ここでいうコンテンツは，テキストや画像，音楽，映像，プログラム，データなど私たち人間が理解できる情報のことである。**DMP**（ディーエムピー）（Digital Media Player）と呼ばれることもあり，据え置き型もあれば，持ち運んで利用できる小型の端末もある。音楽や映像を記録するためのメディアとしては，テープが主流だったことを記憶されている方も多いのではないだろうか。

現在は，テープの代わりに，コンピューターを構成する部品の1つである半導体メモリー（**フラッシュメモリー**，flash memory，または，SSD（エスエスディー）：Solid State Drive）やハードディスクドライブ（HDD（エイチディーディー）：Hard Disk Drive）が使われることが多くなった。つまり，プレーヤーはコンピューターを使って構成されるようになったといえる。音楽や映像などのコンテンツを数値で表されたデータとしてファイルの形でやりとりを行うため，PCとの接続を前提とするプレーヤーが一般的になった。メディアプレーヤーの中には，モバイル端末で使われているOSを採用した端末もあり，スマートフォンの代わりとして利用できるものもある。このようなプレーヤーでは，ネットワーク機能を持つものも多い。

テープを使わず，半導体メモリーやハードディスクドライブを使う利点は何だろうか。利便性の面からは，ランダムアクセス（random access）が可能であり，曲の頭出しが素早くできることがある。また，機械部品を持たないために振動に強く，記憶容量の許す限りコンテンツを削除せずに追加できるというメリットもある。

データとして音楽や映像などのコンテンツを取り扱う利点は，さまざまな形式を混在させられることにある。つまり，記憶容量さえ許せばさまざまなコンテンツを同一領域に記憶できる。また，品質が異なるコンテンツの混在も可能である。よりよい音や映像を楽しもうとすると，データのサイズは大きくなる傾向がある。つまり，音楽や映像を表現するため，単位時間当たりに何ビット必要となるかを表す値である，**ビットレート**（bit rate）が高いデータほど高品質なデータとなる傾向が高いためである。ビットレート値はコンテンツ作成時に選択される。例えば，音楽CDから音楽をプレーヤーに保存する場合，聞きたい音楽や端末の状況に合わせて選択する。プレーヤーの記憶容量に余裕がある場合はビットレートが高くなるように，できるだけ曲を保存したい場合はビットレートが低くなるようにするなどである。異なるビットレートのデータが半導体メモリーやハードディスクドライブに混在していても，プレーヤーが対応していれば保存し，取り扱うことができる。

1.1.4　AV機器

メディアプレーヤーの次に，**AV機器**（Audio Visual system）に注目しよう。音響・映像機器ともいう。テレビやブルーレイ（Blu-ray）・DVDドライブを内蔵したビデオレコーダー，アンプ，デジタルカメラ，コンポなどである。黒い色をした機器が多いことから，**黒物家電**と呼ばれることもある。

テレビ放送を考えると，2011年7月に地上デジタル放送に切り替わった。放送局から出される電波に乗って運ばれるデータは，映像や音声が符号化，つまり，デジタル化された数値として取り扱われるようになったため，コンピューターを使って映像や音声が取り出されるようになった。放送局から出される電波に乗って運ばれるデータに対して，コンピューターを使った信号処理（演算）を行い，より高音質，高画質にする工夫を行うことも可能になっている。

デジタル化に伴い，AV 機器どうしの接続方法も変化した。アナログ放送のときは，機器内部でアナログ信号による処理を行っていたため，アナログ信号による接続であった。一方で，デジタル信号を扱う機器でアナログ信号を扱うには，**A/D 変換**（analog-digital conversion）や **D/A 変換**（digital-analog conversion）と呼ばれるデジタルとアナログの信号変換が必要となる。このこともあり，アナログ接続による機器の接続は少なくなり，現在のデジタル化された AV 機器では，**HDMI**（High Definition Multimedia Interface）などの端子を使って，デジタル化された信号そのままをやりとりするようになった。今では HDMI 端子を持つ PC も多くなったほか，ネットワーク機能を搭載した機器も増えつつあり，AV 機器とコンピューターとの親和性は高くなりつつある。

1.1.5　生活家電

私たちの生活を支える**家電**（home appliance）はどうだろう。エアコンや冷蔵庫，洗濯機，オーブンレンジなど，私たちの日常生活を送る上で身近にある家庭用電気製品である。このような家電は，**生活家電**や**家事家電**，**白物家電**などと呼ばれている。白物家電は，1.1.4 の黒物家電と対応する言い方であり，普及を始めた当初，白い色をした家電が多かったことにちなんだ呼び方である。

現在の家電は，コンピューターが当たり前のように搭載されるようになった。カタログやマニュアルに，**コンピューター制御**や**マイコン制御**という言葉が書かれているのを見たことはないだろうか。**マイコン**は，マイクロコンピューター（microcomputer）やマイクロコントローラー

図 1.1　家電に搭載されるマイコン

（microcontroller）を略した単語であり，図 1.1 の矢印で示すような，IC（Integrated Circuit，集積回路）や LSI（Large Scale Integration）を表す言葉である。動作を制御（control）するためのコンピューターとして，現在の家電のほとんどにマイコンが搭載されている。さらに近年では，ネットワーク機能を持つ家電も増えつつある。**スマート家電**（smart home appliances）と呼ばれることがある。

コンピューター制御について考えよう。制御は，機器が目的通りに動作できるように操作することである。コンピューターは，どのように制御を行うかを考える頭脳に相当し，目や耳などの五感に相当する**センサー**（sensor）と手足に相当する**アクチュエーター**（actuator）が接続されている。

センサーは，温度や湿度，光，音，位置などを電気信号に変換する装置である。制御に必要となるセンサーを選んでコンピューターに接続される。コンピューターは，センサーから得られた情報をもとに状況を判断し，接続されたアクチュエーターに命令を出して目的の状態になるよ

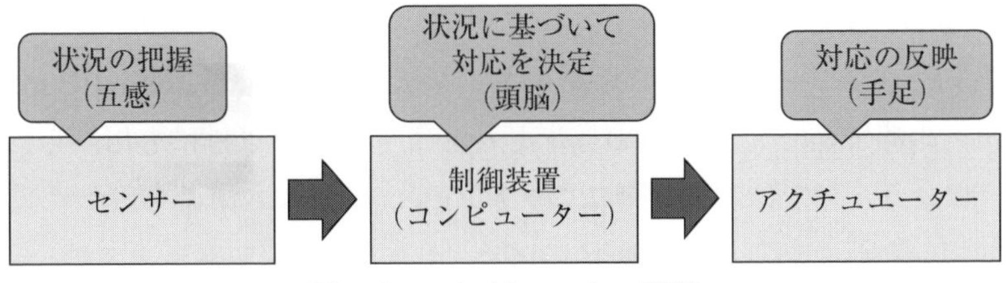

図 1.2　コンピューター制御

うに操作を行う。コンピューターからの命令は，電気信号の形で出力される。アクチュエーターは，モーターやLEDなど，入力された電気信号を動きに変える装置である。つまり，家電は，図1.2に示すように，センサーで得られた電気信号をもとにコンピューターで対応を考え，考えた結果をもとにアクチュエーターで機器の操作を行うことで，目的の動作を実現する装置といえよう。

電気ポットを例に考えてみよう。ポットは，入れられた水を沸騰させることと，一定の温度に保温するという2つの機能を持つ。機能を実現するため，ポットは，水温を調べるセンサーと，アクチュエーターとして電流を流すと水温を上昇させるヒーターを搭載する。水を沸騰させる場合は，ヒーターに電流を流して水温を上げる。このとき，一定間隔で水温を調べ，水の様子を推測しながらヒーターの電流を止めるタイミングを見極めていく。また，温度を一定に保つには，水温を監視しながらヒーターの電流を入れたり切ったりする。制御では，このような判断を頭脳であるコンピューターを使って行う。

1.1.6　自動車

次に，自動車に注目してみよう。現在の自動車は，性能向上のために多数のコンピューター，センサー，アクチュエーターが搭載されるようになっている。

自動車に用いられるコンピューターは，**ECU**（イーシーユー）と呼ばれる。導入された当初，エンジンの制御で用いられていたことから，“Engine Control Unit”の略であった。技術の進歩とともにエンジン以外にも用いられるようになり，今では**電子制御ユニット**（Electronic Control Unit）の略として用いられている。**ユニット**（unit）は，エンジンやトランスミッションのように，複数の部品（パーツ）が組み合わされ，ある機能を構成する部品の集合体をいう。

自動車の機能は多種多様であるが，(1) パワートレイン，(2) シャシー，(3) ボディー，(4) 情報通信という4つのブロックに分類して考えてみよう。

(1) **パワートレイン**（powertrain）は，エンジンやトランスミッション（transmission，変速機）など，駆動を担当するユニットの制御を行うブロックである。電子スロットル（electronic throttle）と呼ばれるスロットルの電子制御化や，エンジンとモーターを組み合わせたハイブリッド車などの登場により，制御は複雑になりつつある。

(2) **シャシー**（chassis）は，車両の姿勢を安定させる制御を行うブロックである。AWD（エーダブリュディー）（All Wheel Drive）やパワーステアリング，サスペンションといったユニットや，急ブレーキをかけたときにタイヤのロックを防ぐABS（エービーエス）（Antilock Brake System），カーブを曲がるときに発生する横滑りを防止するESC（イーエスシー）（Electronic Stability Control），急発進や加速で起こるタイヤの空転を防止するトラクションコントロールシステムTCS（ティーシーエス）（Traction Control System）などが該当する。

(3) **ボディー**（body）は，ダッシュボードにあるメーター，キーレスエントリーやドアロック，エアコン，エアバッグ，ヘッドライトやドアミラーなどの車両全般に関わるユニットである。それぞれのユニットにECUを搭載し，きめ細やかな制御が行われるようになっている。

(4) **情報通信**は，IT（Information Technology）や高度道路交通シス

テム **ITS**（Intelligent Transport Systems）に関する機能を担当するブロックである。カーナビゲーションシステム（car navigation system, カーナビ）や自動料金収受システム **ETC**（Electronic Toll Collection System），自動ブレーキを実現するカメラやレーダーなどが該当する。

自動車の制御は，燃費向上や自動ブレーキの実現，情報通信技術の導入などによって複雑になりつつある。エンジンやトランスミッションなど，ユニット単体の性能に注目するのではなく，ECUをネットワークでつなぎ，それぞれのユニットと連携を取りながら総合的に制御されるようになってきた。

1.2　コンピューターとネットワークの活用

それでは次に，ネットワークについて考えていこう。「ネットワーク」という言葉はさまざまな意味があるが，本書では，複数のコンピューターを結んで何らかの情報を数値で表したデータを共有するシステムについて注目する。

1.2.1　ネットワークが提供する世界

コンピューターはPCやモバイル端末などさまざまな形態があることを1.1で見た。多くのコンピューターは無線や有線によるネットワーク機能を持ち，ネットワークに接続して利用することが一般的となった。よく知られるようになった**インターネット**（internet）は，世界規模のネットワークであり，多数のコンピューターが接続されている。インターネットに接続されているコンピューターどうしは，物理的な距離にかかわらず接続が可能である。

インターネットにはさまざまな機能を提供するコンピューターが接続されている。Webページ（ホームページ）のように情報を提供するもの，電子メール（e-mail, electronic mail）や**SNS**（エスエヌエス）（Social Networking Service）のように他の人と連絡を取る機能を提供するもの，ネットショッピングや飛行機の予約のような**電子商取引**（e-commerce, electronic commerce）を提供するものなどである。インターネットにコンピューターを接続することは，インターネットに接続されているコンピューターが提供する機能を利用できるようにすることである。

私たちが生活する世界を**実世界**（real world）とすると，インターネットは，図 1.3 に示すように，さまざまな機能を提供するコンピューターが作り出した世界と捉えることができる。その中には実世界を反映したものもあるが，コンピューターの中で作り出されたものもある。実在する世界ではないため，**仮想世界**（virtual world）という。仮想とは，実際には存在していないが，動作などから考えて何らかのものが存在すると捉えられることをいう。仮想世界は，コンピューターの画面などから存在が確認でき，キーボードやマウス，タッチパネルなどによって操作できると捉えられる世界である。

仮想世界とのやりとりは，実世界に存在するコンピューターを介して行う。仮想世界の操作は，コンピューター操作により行い，仮想世界の状況は，コンピューターの反応によって人間に伝えられる。特にモバイ

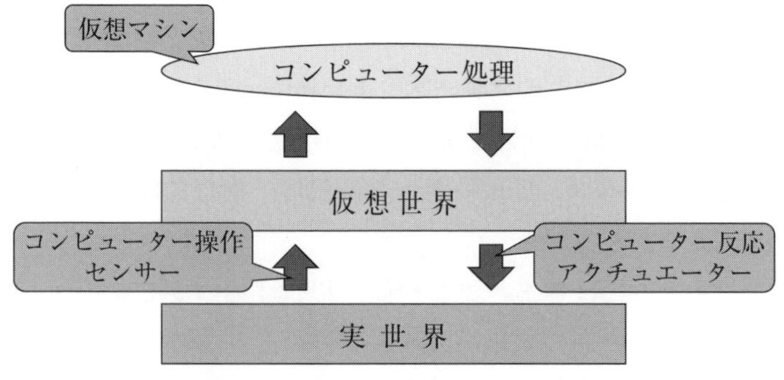

図 1.3　実世界と仮想世界の関係

ル端末は，電話やメールの着信通知のように，仮想世界の状況をリアルタイムに反映できる機能を持つことが多い。

実世界と仮想世界の関係について，放送大学を例に考えてみよう。放送大学は，郵送で大学からのお知らせを提供し，事務手続きを各学習センターや郵送で受け付けている。これらは実世界で提供されているサービスである。一方で，インターネットで提供しているサービスもある。例えば，ホームページによる情報提供や，キャンパスネットワークやシステム WAKABA による事務手続きや成績確認である。このようなサービスは，仮想世界（インターネット上）でサービスを提供しているが，実世界にも反映される。実世界で試験を受けた結果についても，仮想世界（インターネット上のシステム WAKABA）で確認できる。このように，実世界と仮想世界の情報がお互いに関連づけられたサービスが存在する。一方で，キャンパスネットワークの SNS のように，仮想世界にしか存在しないサービスもある。

仮想世界の中で提供される機能は，多数のコンピューターを組み合わせて構築されることが多い。このとき使われるコンピューターは，専用のソフトウエアで作り出した**仮想マシン**（**VM**（ブイエム）：Virtual Machine）を用いることが多くなった。

仮想マシンは，物理的に存在するコンピューターの上で動作するコンピューターである。ネットワーク経由で専用のソフトウエアを使って操作を行うものが多く，1台のコンピューターで複数の仮想マシンを作り出すことができる。仮想マシンは物理的な存在を意識させない状態で動作するため，サービス提供のために用いるサーバーなど，裏方の用途で用いられることが多い。物理的なコンピューターではないため，必要なときに作り出し，不要になれば削除するなど，柔軟な運用が可能である。仮想マシンは，**仮想コンピューター**（virtual computer）ともいう。

1.2.2 ネットワークへの接続と活用

次に，**家庭内 LAN**（ラン）(Local Area Network) を例に，私たちの身近にあるネットワークについて考えよう。家庭内 LAN は，家庭内にあるコンピューターどうしの接続のために，無線や有線によって構築されるネットワークである。

家庭内 LAN とインターネット上のコンピューターとを接続するには，図 1.4 に示すように，**プロバイダー** (provider) や**インターネットサービスプロバイダー**（**ISP**（アイエスピー）：Internet Service Provider）と呼ばれるインターネット接続業者と契約し，インターネットと家庭内 LAN との接続が必要になる。ネットワークどうしの接続では，**ルーター** (router) が用いられる。

家庭内 LAN にはどのようなコンピューターや機器が接続できるのだろうか。1.1 で見たように，PC，モバイル端末といったコンピューターは当然であるが，AV 機器や生活家電も接続されるようになってきた。

AV 機器のネットワーク利用について考えよう。音楽や映像といったコンテンツは，CD (Compact Disc) や DVD (Digital Versatile Disc) といったメディアで提供され，プレーヤーにメディアを入れて再生していた。ところが，ネットワークの導入によってメディアが不要になり，写真，音楽，映像などのコンテンツは数値で表されたデータとして取り

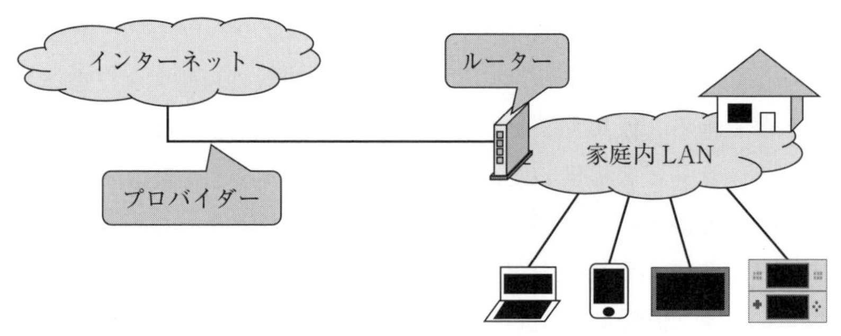

図 1.4 インターネットと家庭内 LAN

扱われるようになった。家庭内LANに接続された機器の間でのコンテンツの共有である。

例えば，ビデオレコーダーやネットワーク接続して利用するハードディスクドライブである**NAS**（ナス）（Network Attached Storage）などのデータが蓄積できる機器にコンテンツを蓄えておき，ネットワーク経由でコンテンツをデータとして受け取ってメディアプレーヤーで再生するような利用である。このとき，リモコンとしてモバイル端末を使い，再生したいコンテンツを選択することができる。さらに，ネットワークでのコンテンツ共有では，メディアプレーヤーにメディアを入れることが不要であることから，インターネットから欲しいコンテンツをダウンロード購入することも可能となった。CDよりも高音質な音楽データが提供されるなど，メディアという枠に縛られないコンテンツの楽しみ方ができるようになった。

次に，ネットワークに接続される生活家電の利用について考えよう。これまでは単独動作を行う装置であったが，ネットワーク機能によってある目的を達成する大きな装置の一部に変化する。1.1.5で見たように，家電は制御のためにセンサーやアクチュエーターといった**デバイス**（device）を持ち，それぞれが持つ目的の動作を実現している。ネットワークによる連携では，各家電のセンサーや動作状況といった情報を管理装置に集めて全体の状況を判断し，目的の状態にするために必要な操作を管理装置が考え，管理装置からそれぞれの家電に命令を出してアクチュエーターを操作する。実世界の情報を仮想世界にあげてコンピューターで現状を判断しつつ次に必要となる動作を判断し，判断結果を実世界に戻して操作を行うという，図1.3にある関係である。管理装置は専用機器であることや，コンピューターで動作するアプリケーションであることもあり，省電力化など，全体としてある目的が最適化されるように制御が行われる。

1.2.3　ネットワークによる生活支援の実現

ネットワークは仮想世界を作り出すことを1.2.1で学んだ。再び図1.3を見ながら，仮想世界について考えよう。

仮想世界は，私たちの生活を支援するためにも用いられるようになってきた。例えば，Webページ検索による調べ物やメールやSNSによるコミュニケーションはもちろんのこと，電車の乗り換えや運行状況の確認，旅先での観光案内や道案内，さらには，道路の交通状況の確認や，交通状況を反映した高度な道案内などである。自動車と連携することもある。これらは，実世界の情報を反映したコンピューター処理があって初めて実現される。

実世界の情報を仮想世界で活用するには，時々刻々と変化していく身の回りの情報をセンサーなどで調べ，仮想世界に反映していくことが必要になる。つまり，ネットワークにセンサーを接続し，得られた情報を分析する技術が生活支援に不可欠になりつつある。

センサーは，ある特定の情報を得る専用の装置であることもあるが，モバイル端末にも搭載され，さまざまな情報の取得や分析に用いられるようになっている。さらに，自動車もセンサーとして注目されている。1.1.6で見たように，自動車は，さまざまなユニットをコンピューターにより制御している。それぞれのユニットで取り扱う情報には，カーナビでは**GPS**（ジーピーエス）（Global Positioning System，衛星利用測位システム）などで構成される**GNSS**（ジーエヌエスエス）（Global Navigation Satellite System，全球測位衛星システム）による地球上の位置や，走行速度やブレーキペダルの踏み方など，自動車を動作するために人間が行う操作を含め，センサーとして利用できる情報が多数存在する。

それぞれのユニットを担当するECUは，**車載ネットワーク**（automotive network）や**車載LAN**（in-vehicle LAN）により接続されている。それぞれが連携して動作しており，ネットワークに流される自動車の動きに関連した数値によるデータは，**プローブデータ**（probe data）と呼ばれ，交通情報の分析などへの活用が期待されている。プローブデータは，**プローブ情報**（probe information）や**プローブカーデータ**（probe car data），**フローティングカーデータ**（floating car data）ということもある。

1.3　これからの社会を構成するネットワーク

本書は，身近になったネットワークを構成する技術の基礎について学ぶことを目的としている。**クラウドコンピューティング**（cloud computing）や**ユビキタスコンピューティング**（ubiquitous computing）という言葉を聞いたことはないだろうか。

コンピューターをネットワークにつなぐことで，さまざまな機能が利用できる。言い換えると，私たちの身近にはコンピューターが多数存在しており，ネットワークを介してその恩恵を受けているといえる。クラウドコンピューティングやユビキタスコンピューティングは，私たちの生活をより便利にするコンピューターの利用形態といえるだろう。

近年ではさらに進み，**IoT**《アイオーティー》（Internet of Things）や**M2M**《エムツーエム》（Machine to Machine）と呼ばれる，**モノのインターネット**の実現のためにさまざまなコンピューターやソフトウエアが登場するようになっている。なぜインターネットにコンピューターを接続するようになったのか，その技術や考え方についてこれから学んでいこう。

演習問題 1

【1】あなたの身の回りで使っているコンピューターを調べ，使っている

ネットワークサービスをまとめてみよう。ネットワークを用いる理由についても考えてみよう。

【2】さまざまな機器がネットワークに接続されるようになった理由を，ネットワークを使わない場合と比較しながら考えてみよう。

【3】センサーがネットワークに接続される理由について，サービス提供の観点から考えてみよう。

【4】自動車の制御にコンピューターが導入され，ネットワークが用いられるようになった理由を考えてみよう。また，自動車で得られるデータが交通状況の分析に役立つのはなぜか，自分なりに説明してみよう。

【5】ネットワークで構築される仮想世界とは何か，自分なりにまとめてみよう。

参考文献

アンドリュー・S・タネンバウム，デイビッド・J・ウエザロール（著），水野忠則，相田 仁，東野輝夫ほか（訳）：コンピュータネットワーク 第5版，日経BP社（2013）.

山本秀樹：トランジスタ技術SPECIAL for フレッシャーズ 徹底図解 マイコンのしくみと動かし方，CQ出版社（2008）.

都甲 潔，小野寺武，南戸秀仁，高野則之：「センサ」のキホン，ソフトバンク クリエイティブ（2012）.

鈴森浩一：アクチュエータ工学入門「動き」と「力」を生み出す驚異のメカニズム，講談社（2014）.

徳田昭雄：自動車のエレクトロニクス化と標準化―転換期に立つ電子制御システム市場，晃洋書房（2008）.

牧野茂雄：複雑になったエンジンの「都合」，Motor Fan illustrated Vol.81，三栄書房，pp.52-55（2013）.

徳田英幸，藤原 洋（監修），荻野 司，井上博之（編），IRIユビテック・ユビキタス研究所（著）：ユビキタステクノロジーのすべて，NTS（2007）.

デビッド・ボスワーシック，オマル・エルーミ，オリビエ・エルサン（編），山崎徳和，小林 中（訳）：M2M基本技術書―ETSI標準の理論と体系，リックテレコム（2013）.

2　ネットワークの規模と通信

《目標＆ポイント》　ネットワークは単独で利用されることは少なく，他のネットワークと接続して利用されることが一般的である。ネットワークは規模によって分類されており，お互いに関連し合って通信が行われることや，それぞれの役割について，有線ネットワークと無線ネットワークに分けて考える。また，ネットワークを考えるための基礎知識について学ぶ。
《キーワード》　有線ネットワーク，無線ネットワーク，WAN，MAN，LAN，PAN

2.1　有線ネットワーク

それでは，ネットワークの規模や通信について考えていこう。まず，有線ネットワークに注目しよう。

2.1.1　規模による分類

ネットワークは，第1章で学んだように，複数のコンピューターを結んで何らかの情報を数値で表したデータを共有するシステムである。インターネットは，多数のコンピューターが接続された世界規模のネットワークといわれる。1つの大きなネットワークのように見えるが，規模の異なる複数のネットワークが複雑に絡み合って構成されている。ネットワークは，小規模なものから順に，PAN，LAN，MAN，WANの4種類に分類される。

PAN（パン）（Personal Area Network）は，個人が使用する**周辺機器**（peripheral equipment）をコンピューターに接続するために用いるネットワークである。マウスやキーボード，プリンターなどの周辺機器を接続するために用いる。また，コンピューターをインターネットに接続するために利用されることもある。

LAN（Local Area Network）は，比較的狭い範囲でコンピューターを接続するために用いるネットワークである。家庭内や会社の構内やフロア，学校，研究室など，設置者が管理運営するネットワークである。家庭のものは家庭内 LAN，会社のものは社内 LAN のように呼ばれる。

MAN（Metropolitan Area Network）は，中規模ネットワークや都市規模ネットワークと呼ばれるネットワークである。ある特定の地域エリアをカバーするものであり，**CATV**（Community Antenna TeleVision）インターネットによるサービスなどが該当する。

WAN（Wide Area Network）は，広域ネットワークと呼ばれ，国や県など広大な地域に広がるネットワークである。LAN や MAN よりも広い範囲をカバーする。

コンピューターどうしの接続を行うネットワークを考える上では，LAN，MAN，WAN の 3 種類で考えることが多い。また，MAN を WAN に含め，WAN と LAN の 2 種類で考えることもある。

2.1.2　ネットワーク構成と通信

次に，ネットワークで行われる通信を理解するために，LAN，MAN，WAN の関連について見ていこう。ここでは，WAN をインターネットとして考える。

実際のインターネットは複雑な構造をしているため，図 2.1 のネットワーク構成図にある単純化したネットワークを用いて考えよう。ネットワーク構成図は，システムの全体像を把握するための図である。ネットワークどうしのつながりや，コンピューターや周辺機器の接続などが記述される。それぞれのネットワークにはコンピューターがさまざまな形で接続されているが，ネットワークどうしのつながりを見るためには不要であるため，省略してある。

規模の小さなネットワークは，より大きなネットワークに接続されることにより，離れたコンピューターどうしの通信を実現する。また，何らかの都合により，インターネットに接続されないネットワークもある。限定した範囲で利用する場合は独立したLANを構築することや，大学のキャンパスや会社の営業所を結ぶような場合は，MANとLANのみで構成されることもある。

図2.1のネットワークを規模に注目して概念図を描くと，図2.2のようになる。WANという広いエリアをカバーするネットワークの上に，MANやLANが置かれるようなイメージである。

次に，図2.1を見ながら，LAN(A)からLAN(B)に通信を行う場合を考えてみよう。通信は，コンピューターからデータをネットワークに出すことから始まる。ネットワークに出されるデータは一定の単位に分割されることから，日本語で小包や，束という意味を持った**パケット**(packet)と呼ばれる。

コンピューターからLAN(A)に出されたパケットは，

LAN (A) → MAN (A) → WAN → MAN (B) → LAN (B)

という順に移動し，最終的にLAN(B)のコンピューターに渡されて通信が完了する。ネットワークでの通信は，1本の道が作られて行われることに注目してほしい。この1本の道を，**通信路**(channel)という。

通信の流れを図2.2の概念図で考えてみよう。LAN(A)から出たパケットがMAN(A)を通ってWANに渡され，WANからMAN(B)を通って目的のLAN(B)に渡される。つまり，パケットは上の層から下の層に下り，目的のネットワークがあるところで下の層から上の層に上がることで通信が行われる。

パケットがMANやWANを通過する際には，自分のネットワーク内に目的のコンピューターが存在するかを確認し，存在しなければ別のネットワークにパケットを渡す，**経路制御**（routing）と呼ばれる経路を制御する処理が行われている。この処理は，ネットワークどうしをつなぐルーターが行っている。ルーターで行われる経路制御では，送られてきたネッ

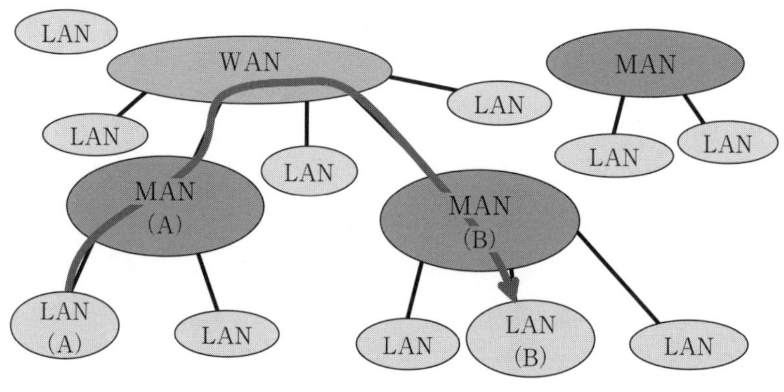

図 2.1　ネットワーク構成図

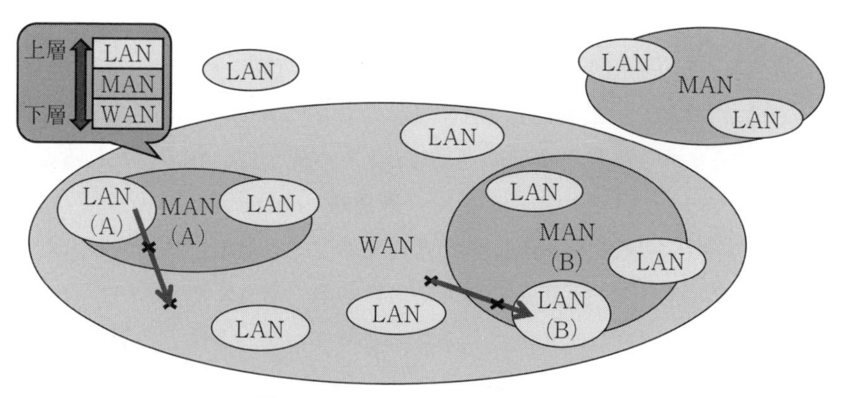

図 2.2　ネットワークの概念図

トワークから受け取ったパケットに関して，次にどこのネットワークに渡すかという**ルーティングテーブル**（routing table，経路表）が構成され，経路表に従ってパケットが再送信される。つまり，ルーターによってパケットが中継（転送，forwarding）されることで通信が実現されている。

2.2　無線ネットワーク

次に，無線ネットワークについて考えよう。ケーブルを使わない通信の特徴や，通信エリアの規模による分類，ネットワークどうしの接続について説明する。

2.2.1　ケーブルを使わない通信の特徴

無線ネットワークは電波などを使って通信を行うため，有線接続で問題になりがちな接続ケーブルやコネクターが不要である。アクセスポイント（AP：Access Point，無線基地局）の用意だけでネットワークが利用できるため，利便性も高いネットワークである。また，サービスエリア内であればネットワークの利用ができるため，電源の用意さえできれば，ネットワーク接続するコンピューター設置の制約を減らすことができる。

有線ネットワークとは異なり，拡散性がある電波を用いるため，サービスエリア内に置かれたコンピューター全てに通信中のパケットが全て送信されるという特徴がある。このため，傍受を防ぐため，通信の暗号化が行われることが多い。

コンピューターでの利用だけでなく，無線ネットワークは装置の置き場所を選ばないため，センサーをつなぐネットワークであるセンサーネットワークや，自動車の通信などへの応用がなされている。ユビキタスコンピューティングや**IoT**（Internet of Things），**M2M**（Machine to

Machine）の実現には，無線ネットワークの活用は不可欠といえる。

2.2.2　通信エリアの規模による分類

それでは次に，無線ネットワークの通信距離に注目して考えよう。2.1 では，有線ネットワークは，PAN，LAN，MAN，WAN に分類されることを見た。無線ネットワークは電波を使うことから，図 2.3 に示すように通信できる距離で分類されている。通信距離が 10〜20m 程度のものを無線 PAN，約 100m までのものを無線 LAN，約 100km までのものを無線 MAN，日本全国やグローバルにサービス提供されているものを無線 WAN という。無線（wireless）を W と表現し，それぞれ **WPAN**（ダブリューパン），**WLAN**（ダブリューラン），**WMAN**（ダブリューマン），**WWAN**（ダブリューワン）と表記することもある。

無線 PAN は，コンピューター付近で用いられるネットワークである。個人が用いるスマートフォンや PC とプリンターなどの周辺機器の接続や，センサーどうしをつなぐ**センサーネットワーク**（sensor network）構築などに使われる。インターネットへの接続に用いられることもある。

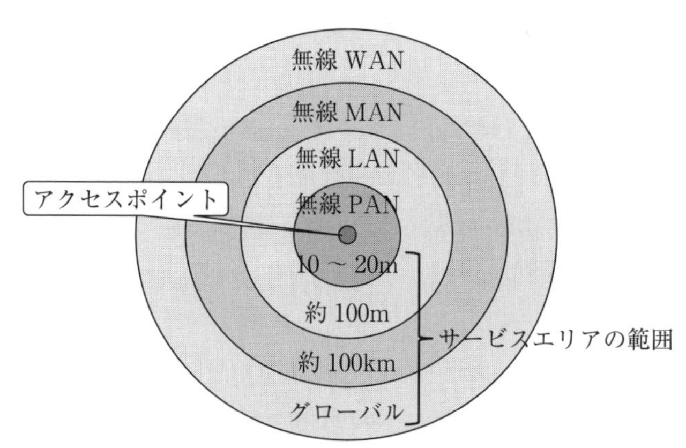

図 2.3　無線ネットワークと通信エリア

無線LANは，家庭や会社，学校などのフロアなどで用いられるネットワークである。有線と同様，設置者が管理運営するネットワークである。ノートPCやモバイル端末，ゲーム機，プリンターなど，多種多様な機器に搭載されている。

無線LANは，家庭などで無線LANアクセスポイントを設置して私的に利用するほかに，**公衆無線LAN**（public wireless LAN）と呼ばれる，有料や無料で外出先で利用できるサービスも提供されている。空港や駅，ホテル，ファストフード店，公共施設，新幹線や列車，飛行機，バスなどで利用できる。

無線MANは，無線LANと無線WANの間に位置するネットワークであり，**WiMAX**（ワイマックス）（Worldwide Interoperability for Microwave Access）によるサービスが該当する。使われている技術は同じであるが，全国バンドと呼ばれる**周波数帯**（frequency band）を用い，全国を対象としたサービスエリアを持つ**モバイルWiMAX**と，地域バンドと呼ばれる周波数帯を用い，有線でのネットワーク整備が行いにくい複数の市町村を対象としたインターネット接続を実現する**地域WiMAX**（固定WiMAX）の2種類がある。地域WiMAXは，インターネット接続を行う最後の接続手段を意味する，**ラストワンマイル**（last one mile）の用途で用いられている。有線ネットワークと比べ，基地局設置の工事だけで周辺エリアにサービス提供ができるという，無線ネットワークの利点を生かしたものである。なお，WiMAXのサービスは，2020年3月31日に終了する予定であり，4G技術に基づく後継のWiMAX2+に切り替わりつつある。周波数帯については，第8章で学ぶ。

無線WANは，グローバルに提供されるネットワークである。**携帯電話通信網**（mobile communication network，移動体通信網）のように日本全国で提供されるとともに，**ローミング**（roaming）によって海外でも利用できるネットワークである。ローミングは，契約事業者が提携する事業者のサービスエリアを利用して，通常はサービスエリア外となる場所でも利用可能にすることである。

携帯電話やモバイル端末，PC などの中で，携帯電話通信網に接続して通信ができるコンピューターには，電話番号を特定する固有の ID を格納した脱着可能の IC カードを挿入するスロット（slot）を持つ。IC カードは，**加入者識別モジュール**（SIM：Subscriber Identity Module），または，**SIM カード**という。SIM カードは，取り外しができるため，入れ替えて別の端末を携帯電話通信網に接続するために使うことができる。このほか，海外旅行で現地の SIM に入れ替えて現地の事業者が提供するサービスエリアを用いた通信も可能となる。また，携帯電話通信網が適正に使用されているかを調べる情報や，会話の盗聴を防ぐために使う暗号鍵が保存されている。携帯電話通信網は，用いられる通信方式によって，第 3 世代移動通信システム（**3G**：3rd Generation）や，**LTE**（Long Term Evolution），第 4 世代移動通信システム（**4G**：4th Generation），第 5 世代移動通信システム（**5G**：5th Generation）などと呼ばれることもある。なお，LTE は 4G の一種である。

2.2.3　ネットワークどうしの接続

ネットワークどうしの接続について，無線ネットワークの構築を例に，図 2.4 を見ながら考えよう。

無線ネットワークの構築では，アクセスポイントを設置することが必要である。アクセスポイントの周りに無線ネットワークのサービスエリアが構築されるため，接続したいコンピューターをサービスエリアの中に置き，設定を行うことで通信が可能になる。

新しく構築された無線ネットワークをインターネットに接続するには，

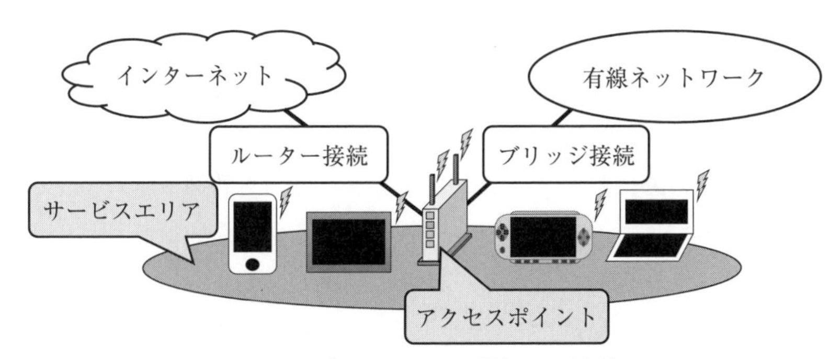

図 2.4　ネットワークどうしの接続

ネットワークどうしの接続であるため**ルーター接続**を行う。プロバイダーから提供される通信で用いる回線は，インターネット接続を実現するネットワークに接続する通信回線であるため，新しく作成した無線ネットワークとは，コンピューターに割り当てるアドレスなどネットワーク設定が異なる。つまり，お互いに独立したネットワークであるため，ルーターを用いてパケットの行き来を管理する必要がある。

利用する全てのコンピューターが無線ネットワークに対応しない場合，有線ネットワークが必要になる。有線ネットワークは，無線ネットワークとは異なる独立したネットワークであり，ルーターを用いて接続することもできる。しかし，ルーターを用いて接続を行うと，有線ネットワークと無線ネットワーク間の通信ができなくなる。ルーターでパケットの取捨選択が行われるためである。このため，家庭内ネットワークなどでは，**ブリッジ接続**（bridge connection）を行うことが多い。ブリッジ接続は，異なるネットワークを1つに結合する接続である。無線ルーターなどで提供されるLAN側の有線ネットワークと無線ネットワークは，ブリッジ接続がなされていることが多い。

例えば，ノートPCやスマートフォンは無線ネットワークで，プリンターは有線ネットワークで接続した場合を考えよう。お互い独立していると，プリンターを利用するには，有線ネットワークにノートPCやスマートフォンを接続し直す必要がある。スマートフォンのように，無線ネットワークのみに対応するコンピューターは，有線ネットワークへの接続が不可能であり，有線ネットワークに接続された装置の利用が困難になる。ブリッジ接続を行うと，有線と無線のネットワークが1つに結合されるため，ノートPCやスマートフォンからプリンターを利用することが可能になる。無線と有線のネットワークが継ぎ目なく，**シームレス**（seamless）に利用できることになる。

2.3　通信の基礎知識

ネットワークを使った通信を考える上で基礎となる知識について整理しよう。通信相手との通信方法や，通信速度に対する考え方，ネットワークの役割について考えよう。

2.3.1　回線交換とパケット通信

通信相手との通信方法について考えよう。**回線交換**（circuit switching）は，**交換機**（switching system）を使って，通信を行う回線（line）をつなぎ替えて通信相手と接続して行う通信である。通信相手と回線を占有するため，他で行われている通信からの影響を受けにくく，通信品質は高いものとなる。

短時間に大量のデータを送る用途には適するが，回線の利用効率が低い場合がある。通信を行う間は，回線で運ぶことができる最大の情報伝達能力である，回線の**通信路容量**（channel capacity）よりデータ送信量が下回っても回線を占有し続けるためである。用いられる通信の例としては電話がある。電話は，会話を行う相手と1：1で接続する専用の線が確保されると捉えることができるため，音声を確実に送受信できる仕組みとなる。

パケット通信（packet communication）は，2.1.2で見た**パケット**を使って行う通信である。通信相手とやりとりするデータをパケットで運ぶことができる大きさに区切り，宛先や送信元などの情報を付加して送受信を行う。付加された情報を使って複数のコンピューターで回線を共有し，回線の使用効率を上げている。このような通信を**パケット多重化**（packet multiplex）という。

パケット通信では，パケットを中継する**パケット交換機**（packet switch）を使ってネットワークが構築される。パケット交換機は，送られてきたパケットを蓄積し，パケットに付加された情報を手がかりとして，次のパケット交換機や目的のコンピューターに渡す処理を行う。耐障害性が強く，通信障害や混雑が発生した場合などは，パケット交換機がパケットを蓄積したままにすることや，目的のコンピューターへの通信路が複数存在する場合に迂回ルートの選択も可能になる。また，通信速度や通信規格を変換するパケット交換機の用意によって，通信速度や通信規格が異なるコンピューターどうしの通信にも対応が可能になる。

2.3.2　ベストエフォートとギャランティー

通信回線は，通信速度の最大値は示されるが，通信状況によって通信速度が随時変化するベストエフォート型と，示された通信速度を保証するギャランティー型の2種類がある。

ベストエフォート（best effort）型は，インターネットの多くの通信回線で用いられている通信である。通信品質（**QoS**：Quality of Service）を保証する仕組みがないため，通信回線の混雑によって通信速度の低下や，パケットが失われて通信できないこともある。通信回線が混雑することを**輻輳**(ふくそう)という。信頼性の面では課題もあるが，通信品質を保証する仕掛けが不要であるためコスト面で有利であることが多い。

ギャランティー（guarantee）型は，通信品質が保たれる通信である。電話が代表例である。電話回線は，通信相手との通信回線を占有する回線交換によって接続されるため，通信品質が保証された回線が提供される。決められた通信品質を保証する仕掛けが必要となるため，コスト面はベストエフォート型に比べて不利になることが多い。

2.3.3　バックボーンネットワークとアクセスネットワーク

ネットワークの役割について考えよう。複数のネットワークが接続され，ネットワーク間の通信を中継するようなネットワークを**バックボーンネットワーク**（backbone network）という。単にバックボーンということや，**コアネットワーク**（core network），**基幹ネットワーク**ともいう。通信を行う上で重要な役割を果たすため，通信速度が速いネットワークが用いられることが多い。ネットワーク構成によってバックボーンとする箇所は異なるが，WAN や MAN であれば，プロバイダー間や大学キャンパス間を接続するネットワークであったり，LAN であれば，複数のコンピューターからのパケットを取りまとめる部分であることもある。

バックボーンネットワークとなる WAN や MAN は，規模が大きくなるほど接続されるネットワークが多くなり，中継するパケット量も多くなる。ネットワークに流れるパケットの量に見合うだけの通信速度を持たない場合，**ボトルネック**（bottleneck）の状態になる。水を流しているホースの途中を踏むと，踏んだところが狭くなり，水の流れが少なくなることに似ており，一部分の通信速度が遅いことで全体の通信速度が抑えられてしまう状態である。

接続する WAN や MAN にボトルネックが存在すると，途中のネットワークが速くても通信速度が十分に出ないことがある。また，通信を行うパケット量に対して回線に余裕がある場合は，ネットワークの通信速度を上げても変化はない。このため，実際に通信を行うパケット量を見ながら，適切な通信速度を持った回線を選択することが重要である。

バックボーンネットワークに接続されるネットワークを**アクセスネットワーク**（access network）という。コンピューターをインターネットに接続するためのネットワークであり，プロバイダーから家庭までの間のネットワークである。

2.3.4　開かれたネットワークと閉じたネットワーク

ネットワークの管理について考えよう。LANは，インターネットの末端に位置しており，2.1.1で見たように，設置者が管理運営するネットワークである。このため，ネットワーク設定や，コンピューターの接続，ネットワークで提供するサービスを管理者が自由に決定できる。つまり，使う人が限られている**閉じたネットワーク**（closed network）である。

一方で，MANやWANは，さまざまなネットワークが接続されることが前提となっている**開かれたネットワーク**（open network）である。このことから，プロバイダーに申し込みを行うことで誰でも接続できるネットワークである。専門の管理者がおり，接続を行う場合は必要な情報をもらって，決められた範囲内での利用となる。

インターネットは，複数のネットワークで構成されており，MANやWANに相当するネットワークは，それぞれ管理方針が異なる。このため，担当するネットワークの外に存在する問題への対応が困難であることが多い。

インターネットは誰でも利用できる開かれたネットワークである。一方で，会社や大学など，特定の組織の中だけに閉じて使うことを目的に，インターネットの技術を使って構築したネットワークを**イントラネット**(intranet) という。インターネットと同様に，電子メールや Web ページのサービスなどが提供されることもあるが，利用の範囲が特定の組織内だけというものである。

演習問題 2

【1】あなたが使っているコンピューターをインターネットに接続する方法を調べてみよう。

【2】ルーター接続とブリッジ接続の違いを説明しなさい。

【3】あなたが使っているインターネット接続のラストワンマイルは何か調べてみよう。

【4】インターネットでベストエフォート型の通信が一般的に用いられる理由を考えてみよう。

参考文献

アンドリュー・S・タネンバウム，デイビッド・J・ウエザロール（著），水野忠則，相田 仁，東野輝夫ほか（訳）：コンピュータネットワーク 第5版，日経 BP 社 (2013).
水野忠則，井手口哲夫，奥田隆史，勅使河原可海：コンピュータネットワーク概論 第2版，ピアソン・エデュケーション (2007).
竹下隆史，村山公保，荒井 透，苅田幸雄：マスタリング TCP/IP 入門編 第5版，オーム社 (2012).
三上信男：ネットワーク超入門講座 第3版，ソフトバンク クリエイティブ (2013).
五十嵐順子：いちばんやさしいネットワークの本，技術評論社 (2010).
坪井義浩，工藤修一，佐野 裕：これだけは知っておきたいネットワークの常識，技術評論社 (2009).
阪田史郎：ユビキタス技術 無線 LAN，オーム社 (2004).

3 通信モデル

《**目標＆ポイント**》 有線 LAN や無線 LAN，WiMAX や携帯電話通信網など，異なる通信規格を用いたネットワークを用いてもインターネットへの接続や通信が可能である。これは，通信規格の持つ機能が階層で整理されており，層ごとに交換が可能になっているためである。通信の種類について学んだ後，異機種間のデータ通信を目的として作成された OSI 参照モデルについて紹介するとともに，インターネットで用いられている TCP/IP について学ぶ。
《**キーワード**》 OSI 参照モデル，TCP/IP，プロトコルスタック，パケット通信

3.1 通信の種類とプロトコル

第 2 章では，有線や無線によるネットワークの規模や通信の基礎知識について学んだ。次に，通信を考えるための基本となる通信の種類や，取り決めを定義するプロトコルについて考えよう。

3.1.1 パケットを使った通信方法

インターネットの通信は，2.3.1 で学んだパケット通信によって行われる。パケットを使ってデータを送受信する方法について考えよう。通信を行う目的に応じて選択できるよう，コネクション型とコネクションレス型の 2 種類の通信方式が用意されている。

コネクション型通信（connection-oriented communication）は，**コネクション確立**（connection establishment）を行ってから通信を開始する方式である。データを送信する本来の通信以外に，コネクション確立の処

理などが必要となるが，データの送受信を管理する処理が行われるため，確実に通信を行うことができる。**ストリーム型通信**（streaming communication）と呼ばれることもある。コネクション確立では，通信相手の存在やデータ送受信が可能であることを確認し，**論理的な通信路**（logical channel）を作成する。通信を終了する前には，作成された論理的な通信路を削除する**コネクション解放**（connection release）が必要になる。論理的な通信路は，**仮想的な通信路**（virtual channel）とも呼ばれる。詳しくは3.2.2を参考のこと。

コネクションレス型通信（connectionless communication）は，通信相手の確認や論理的な通信路を確保せずにデータを送信する方式である。**データグラム型通信**（datagram communication）ということもある。コネクション確立など，データを送信するという本来の通信以外の処理が少ないため，リアルタイム通信などに向いている。しかしながら，通信相手に対して確実にデータが届くことを保証できないため，データの送信が行われたことを確認したい場合は，**アプリケーション**（application）で別途行う必要がある。

3.1.2　パケットの送受信と通信路

通信路にパケットを流す方式について考えよう。パケットを使ったデータ通信では，コネクション確立を行うことで**通信路**（channel）と呼ばれるコンピューターどうしを接続する1本の道が作成される。一方で，実際の通信路でのパケットの流れは，半二重と全二重の2種類がある。どちらもパケットの双方向通信を実現する方式であり，通信路によってどちらかが用いられる。

半二重（HDX（エイチディーエックス）：Half Duplex）は，通信路を構成する1つの通信回線を時間を区切って送信や受信に切り替えることで，双方向の通信を実現する方式である。通信の例としては，1つの通信回線である**周波数帯**（frequency band）を使って，話すときと聴くときを操作によって切り替えながら会話を行うトランシーバーがある。周波数帯については，第8章で学ぶ。

一方，**全二重**（FDX（エフディーエックス）：Full Duplex）は，送信用と受信用の2つの通信回線を用いて通信路を構成し，送受信を同時に実現する方式である。例としては電話がある。電話は，1つの通信路に相手の声を受信する回線と自分の声を送信する回線の2つの通信回線が用意されているため，話し相手の声を聞きながら話すことができる。

3.1.3　通信のために必要となるルール

通信は意思などの情報を伝達することである。あるコンピューターがネットワークで通信を行うには，相手の存在が前提となる。そして，相手と何らかの情報をやりとりするには，通信で情報をどのように取り扱うのか，あらかじめお互いに決めておくことが求められる。

通信のためにあらかじめ定める取り決めを**プロトコル**（protocol）という。日本語では**規約**という。送信する信号やデータの表現方法，受け取ったデータの誤り検出方法など，通信のために決めることは多い。

私たちがコンピューターを使って通信を行うとき，Webページを閲覧するWebブラウザー（Web browser）や，メールを確認するメーラー（mailer）などのアプリケーションを用いる。表示される内容は，ネットワークで通信を行った結果である。アプリケーションを使っている間，コンピューターは，ネットワークに流すデータをパケットに変換する処理や，ネットワークからパケットを受け取ってデータに戻し，アプリケーションで表示する処理を行っている。

通信で用いるプロトコルについて考えよう。プロトコルは，通信の目的などに応じて作成される。通信に関わる全ての機能を1つのプロトコルで作ることもできるが，複数のプロトコルに分割して構築されることが多い。技術の変化などにより，ある部分の変更が必要になった場合の対応を容易にするためである。通信を行う際は，分割されたプロトコルを組み合わせて用いる。このことにより，機能を追加する場合は，必要となった機能を実現したプロトコルの追加で対応可能となる。ある機能の変更が必要になる場合においても，対象となるプロトコルの変更により対応可能となる。

ある通信機能を実現する複数に分割されたプロトコル群は，**プロトコルスタック**（protocol stack）や**プロトコルスイート**（protocol suite）という。また，ネットワークを構成する一連の層とプロトコルの組み合わせであるため，**ネットワークアーキテクチャー**（network architecture），または，**通信アーキテクチャー**ともいう。プロトコル群を構成するそれぞれのプロトコルは，機能の面で上下関係を持ち，いくつかの層（layer）に積み重なった形で構成されることが多い。構成される層の数，各層の名前や内容，機能は，通信規格によって異なる。

3.2 OSI 参照モデル

ネットワークの通信を理解するために，通信規格を考えるために用いられることが多い OSI 参照モデルについて学ぼう。

3.2.1 汎用の通信モデル

OSI（オーエスアイ）**参照モデル**（Open Systems Interconnection Basic Reference Model）は，汎用（はんよう）の通信モデルであり，どのようなネットワークにも適応できる，通信で必要となる機能や構造が示されたネットワークを考える上で基準となるモデルである。1983 年 3 月に国際標準として，国際標準

表 3.1　OSI 参照モデルの階層構造

階層	名 称	役 割
第7層	アプリケーション層	人間や他のアプリケーションへのサービス提供
第6層	プレゼンテーション層	データ表現形式の取り扱い
第5層	セッション層	通信の目的に合わせた送受信の管理
第4層	トランスポート層	通信品質や通信先アプリケーションの管理
第3層	ネットワーク層	通信路の経路制御，アドレス管理
第2層	データリンク層	同一ネットワークでの通信方法の規定
第1層	物 理 層	物理的にネットワークにつなぐ方法の規定

化機構（ISO：International Organization for Standardization）から提案された。

OSI 参照モデルは，表 3.1 に示すように，7つの階層からなる。上下の層で受け渡しされる情報の流れが最小になるように考えられており，各層で提供するサービスやプロトコルの基本的な機能が定義されている。上下の層で明確に機能が分けられており，お互いに関係しながら通信機能が実現できるようになっている。通信機能の各層が何を担当するかを決めたものであり，実際の通信でプロトコルとして用いられるものではないことに注意が必要である。

OSI 参照モデルは，**下位層**（lower layer）と呼ばれる第1層から第4層と，**上位層**（upper layer）と呼ばれる第5層から第7層の2つに大きく分けることができる。第1層から第4層は，通信そのものの機能を定義し，物理媒体に近い機能を提供するものである。一方，第5層から第7層は，利用者やソフトウエアに近いアプリケーションの機能，例えば，通信でやりとりされるデータの形式などを規定している。

3.2.2 OSI 参照モデルによる通信

次に，OSI 参照モデルを使った通信について考えよう。OSI（Open Systems Interconnection）は，日本語に訳すと，開放型システム間相互接続という。コンピューターの機種やメーカーによらず，異機種間のデータ通信を実現することを目指したモデルであり，通信モデルは，コンピューターのハードウエアや OS とは独立したものとなっている。

OSI 参照モデルは，**終端システム**（ES：End System）と**中継システム**（IS：Intermediated System）の 2 種類で構成されている。終端システムは，PC やモバイル端末など，7 層全ての機能を持った装置である。一方，中継システムは，第 3 層以下の機能で構成される機器である。ルーター（router）やハブ（hub）などの**ネットワーク機器**（network equipment）に該当する。

図 3.1 を見ながら OSI 参照モデルによる通信について考えよう。同じ終端システムの中にある各層は，下から上の層に対してサービス（service）を提供しており，そのやりとりでの約束事を**インターフェース**（interface）

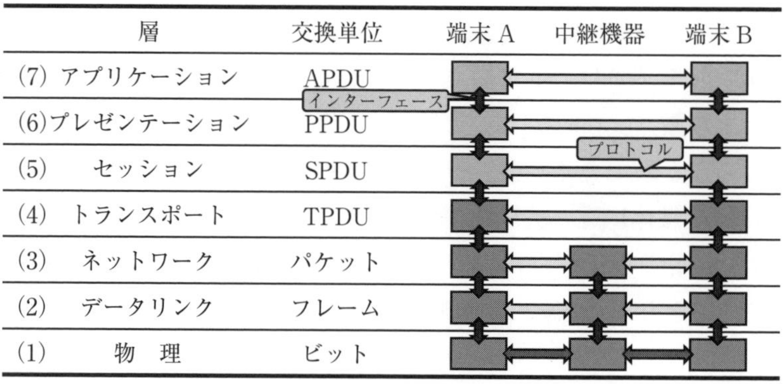

層	交換単位	端末 A	中継機器	端末 B
(7) アプリケーション	APDU			
(6)プレゼンテーション	PPDU			
(5) セッション	SPDU			
(4) トランスポート	TPDU			
(3) ネットワーク	パケット			
(2) データリンク	フレーム			
(1) 物　理	ビット			

インターフェース

プロトコル

図 3.1 OSI 参照モデルによる通信

という。一方で，通信相手の同じ層とやりとりするときの約束事を**プロトコル**（protocol）という。**同位プロトコル**（peer protocol）ということもある。各層で通信相手とやりとりするデータの単位は，**PDU**（ピーディーユー）（Protocol Data Unit）という。各層の制御情報やデータで構成された単位である。図3.1の交換単位の列に，層により異なるPDUの名称を示す。

通信相手とは，第1層である物理層のみで接続されているが，第2層以上のプロトコルにおいてもお互いの通信が行われる。これは，ある層は，その下の層が持つ機能を使って，直接やりとりできる通信路があると見なして通信できるためである。このような通信路を，**論理的な通信路**（logical channel）という。**仮想的な通信路**（virtual channel）とも呼ばれる。身近な例として電話がある。電話は，電話線や電波を介して離れた場所にいる相手と話ができる。会話中は電話を使っているが，直接相手と会話をしているように捉えることができる。第2層以上のプロトコルでは，電話と同様の状態となるために通信が可能となる。

3.2.3　各層の機能

OSI参照モデルを構成する7層の機能について，第1層から考えよう。

●第1層 物理層

物理層（physical layer）は，通信相手に0と1で構成される**ビット列**（bit stream）を伝える方法，つまり，物理的に接続する方法を決める層である。ケーブルや電波など，情報伝達のために用いる媒体に作られる通信路（channel）で，ビット列を伝送することを担当する。**伝送路**（channel）ともいう。本書では，情報や電力の伝送のために用いられる媒体の通信路を，伝送路と表記する。電気的条件やコネクター形状，ケーブル仕様，電波の使い方などを規定する。取り扱うデータの単位は，**ビット**（bit）である。

●第 2 層 データリンク層

データリンク層（data link layer）は，同じネットワーク内の通信相手とのやりとりを決める層である。交換されるデータ処理の単位として**フレーム**（frame）を用いる。フレームは，パケットと呼ばれることもあるが，第 3 層のデータと混同しないために，以後，第 2 層のデータはフレームと表記する。

コンピューターで取り扱うデータは複数のフレームに分割されて取り扱われる。フレームは，第 1 層 物理層で取り扱うビット列を適当な長さに区切ったものであり，その中には，送信するデータのほかに，通信相手を特定するアドレス，送信するデータの誤り検出や訂正などの制御データが含まれている。データリンク層に相当するアドレスの例としては，ネットワークに接続するハードウエアに割り当てられた，イーサネット（ethernet）で用いられる **MAC**（マック）**アドレス**（Media Access Control Address）がある。

データリンク層では，含まれるデータを使ったフレーム単位での誤り検出や訂正を行うほか，通信速度が異なる端末どうしの通信での**フロー制御**（flow control）も行う。送信する側がデータ送信を待つ処理や，受信側がデータ受信できるタイミングを送信者に通知する処理である。

●第 3 層 ネットワーク層

ネットワーク層（network layer）は，異なるネットワークとのやりとりを決める層である。ネットワーク全体で用いるアドレスの体系や端末への付与の方法も規定される。交換されるデータ処理の単位は**パケット**（packet）である。コンピューターで取り扱うデータは，複数のパケットに分割されて取り扱われる。パケットには，送信するデータのほかに，通信相手の宛先や送信元のアドレス，通信先アプリケーションを示す情報などが含まれている。パケットは，同一ネットワーク内では第 2 層のフレームに含まれるデータとして運ばれる。

ネットワークをまたいで送信元から宛先にパケットをどのように流すかを決める**経路制御**（routing）や，ネットワーク間の中継などの仕組みが規定される。

●第4層 トランスポート層

トランスポート層（transport layer）は，終端システムどうしの通信におけるデータの通信品質を決める層である。コネクション型やコネクションレス型といった接続方法や，通信の制御方法を決め，データ送信で発生するエラーの検出や，データの再送，送信するデータ量の調整を行う。第3層までのデータはフレームやパケットの形に分割されていたが，第4層においては，コンピューターで取り扱う1つの塊となったデータとして取り扱われる。通信相手の同じ層とのデータ交換の単位として，**TPDU**（ティーピーディーユー）（Transport Protocol Data Unit）を用いる。コネクション型の通信では**セグメント**（segment），コネクションレス型の通信では**データグラム**（datagram）と呼ばれることもある。

また，通信先アプリケーションの管理も行う。コンピューターは複数のアプリケーションを同時に実行していることが多い。コンピューターの通信は，Webブラウザーやメーラーのようなアプリケーションによって行われる。第3層で定義するアドレスではネットワーク上に存在するコンピューターの特定はできるが，コンピューターで実行中のアプリケーションの指定はできない。このため，第3層のアドレスとは別に，**ポート番号**（port number）を用いて通信先アプリケーションを管理する。

●第5層 セッション層

セッション層（session layer）は，通信の目的に合った接続や切断，何らかの理由で切断した後の再接続など，送受信のルールを決める層である。通信相手と接続を行って論理的な通信路の作成や，データ転送タイミングの管理などを行う。半二重通信や全二重通信についても取り決めている。データ交換の単位として，**SPDU**（エスピーディーユー）（Session Protocol Data Unit）を用いる。**メッセージ**（message）ということもある。

●第6層 プレゼンテーション層

プレゼンテーション層（presentation layer）は，データ表現形式の取り扱いを定めた層である。第5層までは，0と1で構成されたデータを取り扱っていたが，第6層においては，データを意味のある情報として取り扱う。例えば，データは，テキストや画像，動画などのコンテンツや，圧縮されたファイルなどさまざまあるが，それらを認識して表示や通信で必要となる適切な処理を行う。データ交換としては，**PPDU**（ピーピーディーユー）（Presentation Protocol Data Unit）を用いる。第5層と同じく，**メッセージ**と呼ぶこともある。

OSI参照モデルでは，プレゼンテーション層としてデータの表現形式の取り扱いが独立している。これは，新しいコンテンツの形式が登場しても，ソフトウエアの追加や修正により対応を行うことを可能にし，通信とは切り離した問題として捉えることを意味する。

●第7層 アプリケーション層

アプリケーション層（application layer）は，コンピューターで動作するアプリケーションが，通信相手とやりとりする情報を取り扱う層である。メールやWebブラウザーなどで用いるプロトコルを規定する層である。データ交換の単位として，**APDU**（エーピーディーユー）（Application Protocol Data Unit）を用いる。第5層，第6層と同様に，**メッセージ**と呼ぶこともある。

アプリケーション層が提供するサービスは，人間を対象とするものもあるが，コンピューター上で実行される他のアプリケーションや，ネットワーク上に存在する機器を対象にすることもある。また，実現するアプリケーションの目的に応じて，いくつかの既存のプロトコルを組み合わせて用いることや，第6層以下を組み合わせて新たなプロトコルを作ることもある。

3.2.4　各層におけるデータの流れ

次に，データの流れについて考えよう。OSI参照モデルの各層では，通信相手とデータを交換することを3.2.2で学んだ。第7層から第5層を表す上位層のデータはメッセージという同じ名称で呼ばれるが，第4層から第1層を表す下位層は，層によってそれぞれ名称が異なっていた。ソフトウエアで処理が行われる第7層から第5層は，各層に対応するデータの変化がはっきりしない。しかし，第4層は端末であるコンピューター，第3層から第1層はネットワーク機器が担当するといった具合に，第4層から第1層は各層の処理に対応する装置が存在する。また，コンピューターでは，ネットワークでのデータ転送のために，第5層から渡されたデータを情報を付加しながら下の層に渡していく。つまり，各層でデータの変化がはっきりしているため，データの名称がそれぞれ異なっているといえる。

データに各層の情報が付加されたものが，通信相手とやりとりするデータの単位である**PDU**（ピーディーユー）（Protocol Data Unit）である。3.2.2でも学んだ。データに付加される情報は，データの先頭に付ける**ヘッダー**（header）と，データの後ろに付ける**トレーラー**（trailer）の2種類がある。

上から下の層に向かうデータの流れ，つまり，送信を行う場合のPDUの変化について，図3.2を見ながら考えよう。

第7層から第5層まではデータは変化しないが，インターフェース経由でデータが第4層に渡されると，ヘッダーH_4が付加されてセグメントとなる。第3層に送られると，データはパケットで運ぶことができるサ

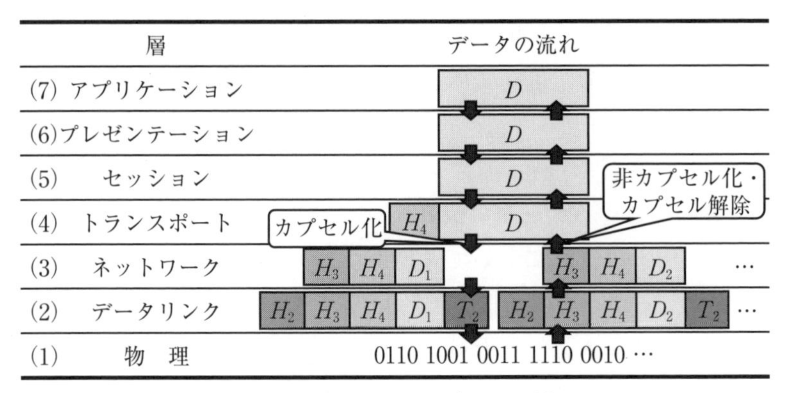

図 3.2 各層におけるデータの流れ

イズに分割され，それぞれにネットワーク上の通信相手の宛先や送信元のアドレス，通信先アプリケーションを示す情報が含まれるヘッダーH_3を付加し，パケットになる。そして，第2層では，パケットにヘッダーH_2とトレーラーT_2が追加され，フレームとなる。通信相手のMACアドレスなどはヘッダーとして，エラー検出の情報などはトレーラーとして追加される。最後に，第1層では0と1のビット列に変換され，通信相手にデータが伝えられる。

上から下の層に進むとともに，ヘッダーやトレーラーが追加されていく。このことを**カプセル化**（encapsulation）という。カプセル化によって，上の層が持つデータを下の層から見えないようにできる。このことを**隠蔽**（いんぺい）（hiding）や**内包**（intension）という。例えば，第2層のフレームは，第3層のパケットを含む。しかしながら，第2層を担当する機器では，パケットとしては認識されず，フレームとして扱われる。つまり，第3層のデータを第2層の処理を行う機器には見えなくしている。このことが隠蔽である。

次に，データを受信した場合に行われる，下から上の層に向かうデータの流れについて考えよう。送信のときとは逆に，上の層に向かうに従ってヘッダーやトレーラーが削除されていく。このことを，**非カプセル化**（non-encapsulated）や**カプセル解除**（decapsulation）という。

3.3　TCP/IP

OSI参照モデルを踏まえて，インターネットで使われているプロトコルである，**TCP / IP**（Transmission Control Protocol/Internet Protocol）について考えよう。

TCP/IPは，世界初のネットワークといわれる，ARPANET（Advanced Research Projects Agency Network）から進化してきた通信プロトコルである。時間の経過とともに最終的に残った，**デファクトスタンダード**（de facto standard）である。**事実上の標準**ともいう。プロトコルは，**IETF**（Internet Engineering Task Force）によって議論されて決められており，TCPやIPに関連するさまざまなプロトコル群から構成されている。プロトコルの仕様策定よりも，コンピューターどうしが互いに通信できる技術の開発を優先しながら進歩してきた。

3.3.1　TCP/IP参照モデル

TCP/IP参照モデルは，図3.3に示すように，4層で構成されている。OSI参照モデルとの対応を考えながら，それぞれの層について見てみよう。

●第1層 ネットワークインターフェース層

ネットワークインターフェース層（network interface layer）は，コンピューターとネットワークを接続するインターフェースを規定した層である。OSI参照モデルの第1層，第2層に対応する。10Base-Tや100Base-TX，1000Base-Tなどの**イーサネット**，IEEE802.11[1]シリーズに

1)「アイトリプルイー エイトオーツー ドット イレブン」と読む。

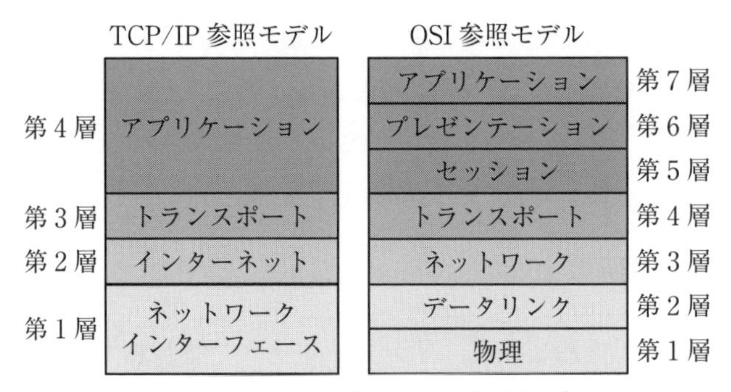

図 3.3　TCP/IP と OSI の参照モデル

準拠した無線 LAN などの実装に該当する。電話回線を経由した**ダイヤルアップ**（dial-up）と呼ばれるネットワーク接続で用いる**PPP**（ピーピーピー）（Point-to-Point Protocol）や，イーサネットを用いてプロバイダーとの間を接続する**PPPoE**（ピーピーピーオーイー）（PPP over Ethernet），IP アドレスと MAC アドレスといったネットワーク固有のアドレスとの対応をとる**ARP**（アープ）（Address Resolution Protocol）などのプロトコルが決められている。PPP や PPPoE は，通信を行う端末の間で仮想的な通信路を構築するために用いられる。

●第 2 層 インターネット層

インターネット層（internet layer）は，さまざまなネットワークを相互に接続する機能を規定している。OSI 参照モデルの第 3 層に対応する。IP（Internet Protocol）と，IP の機能を助けるインターネット制御メッセージプロトコル ICMP（アイシーエムピー）（Internet Control Message Protocol）の 2 つを定めている。IP プロトコルによるパケットである **IP パケット**（IP packet）や，通信相手に届けるために必要となる**経路制御**（routing）などの機能を定めている。宛先や送信元となるコンピューターの指定は，**IP アドレス**（IP address）が用いられる。

●第3層 トランスポート層

トランスポート層（transport layer）は，コンピューターで実行されるアプリケーションどうしの通信を実現する機能を規定する層である。OSI参照モデルの第4層に対応する。**TCP**（ティーシーピー）（Transmission Control Protocol）と**UDP**（ユーディーピー）（User Datagram Protocol）の2つのプロトコルが定義されており，通信を行うアプリケーションを指定する**ポート番号**（port number）が用いられる。

●第4層 アプリケーション層

アプリケーション層（application layer）は，OSI参照モデルの第5層から第7層である上位層を1つにした層と捉えることができる。

3.3.2　TCP/IPとOSIによる参照モデルの比較

TCP/IP参照モデルとOSI参照モデルは，構成される層の数は異なるが，双方ともプロトコルの積み重ねによって構成されている。また，対応する層どうしの機能は類似したものになっている。

OSI参照モデルは，プロトコルが作成される前に考えられたモデルである。特定のプロトコルに依存せずに設計されたため，一般的な通信に含まれる機能について整理されている。各層が上の層に提供するサービスを決め，上の層とはインターフェースとして決められた方法を用いてやりとりする。つまり，層への入力と出力の方法は定めているが，中で具体的に何を行うかは決められていない。

各層の機能はそれぞれプロトコルとして実装され，同じ層の間で行われる通信は他の層に影響を与えず，該当する層のみの問題となっている。つまり，インターフェースさえ変更しなければ，上の層に影響を与えずにプロトコルの変更が可能であり，技術の変化にも対応しやすくなるように考えられている。通信規格によっては，通信を実現する上で不要であるためにある層に対応する機能が省かれることもある。一方で，理論的にはよく考えられていても，プロトコルとして実装する段階で困難な課題が多く存在することから，OSI 参照モデルに基づいたネットワークの実装は普及していない。

一方，TCP/IP 参照モデルは，実装されたプロトコルが先に存在し，その説明のために作られたモデルである。このため，登場した当初は，OSI 参照モデルに定義されているサービス，インターフェース，プロトコルが明確に区別されたものではなかった。プロトコルに依存する内容もモデルに含まれるため，TCP/IP 以外のネットワークを考える上で使うことはできない。しかしながら，事実上の標準となり，特定のメーカーや機種などに依存しない仕様となっていること，多種多様なコンピューターに対応できることもあり，試行錯誤を繰り返しながら広く普及するようになった。

演習問題 3

【1】通信機能を実現するために，複数のプロトコルを組み合わせて用いる理由を説明しなさい。

【2】通信の動作を考えるために，モデルを用いて考える理由を説明しなさい。

【3】OSI 参照モデルが通信機能を考えるために用いられる理由を説明しなさい。

【4】カプセル化と非カプセル化とは何を行うことか説明しなさい。

【5】TCP/IP が広く普及した理由について説明しなさい。

参考文献

アンドリュー・S・タネンバウム，デイビッド・J・ウエザロール（著），水野忠則，相田 仁，東野輝夫ほか（訳）：コンピュータネットワーク 第5版，日経BP社（2013）．
水野忠則，井手口哲夫，奥田隆史，勅使河原可海：コンピュータネットワーク概論 第2版，ピアソン・エデュケーション（2007）．
竹下隆史，村山公保，荒井 透，苅田幸雄：マスタリングTCP/IP入門編 第5版，オーム社（2012）．
村上泰司：ネットワーク工学 第2版，森北出版（2014）．
三上信男：ネットワーク超入門講座 第3版，ソフトバンク クリエイティブ（2013）．
芝﨑順司：情報ネットワーク，放送大学教育振興会（2014）．

4 ネットワークと端末

《目標＆ポイント》 ネットワークにはPC，モバイル端末，デジタル家電といったさまざまなモノとなるコンピューターが接続される。機器の構築で用いられるコンピューターの仕組みや，頭脳となるプロセッサーの種類，これまで学んできたネットワーク機能のコンピューターへの実装について学ぶ。また，音楽や映像などのコンテンツや機器の制御，センサー情報といった，ネットワークの導入が利用形態の変化につながるサービスについて考える。
《キーワード》 PC，モバイル端末，プロセッサー，SoC，DSP

4.1 コンピューターの仕組み

これまで，ネットワークによる通信について見てきた。第4章では，ネットワークに接続される端末に搭載され，**アプリケーション**の動作や，機器の制御に用いられるコンピューターについて考えよう。

4.1.1 ハードウエアの構成

まず，コンピューターの**ハードウエア**（hardware）について考えよう。ハードウエアは，コンピューターに対する命令が記述された**ソフトウエア**（software）である**プログラム**（program）の手順に基づいて**実行**（run, execute）を行う装置である。(A) 制御装置，(B) 演算装置，(C) 記憶装置，(D) 入力装置，(E) 出力装置という5つの装置で構成されている。これらを**コンピューターの五大装置**という。コンピューターは，五大装置から目的に合った機能を実現する装置を組み合わせて構築される。コンピュー

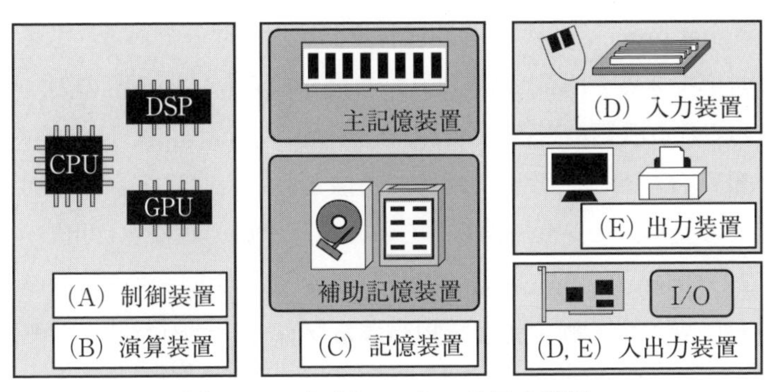

図 4.1　コンピューターの五大装置

ターを構成する部品や装置を**資源**（resource）や，**計算機資源**（computer resource），または単に**リソース**という。

コンピューターの五大装置について，図 4.1 を見ながら考えよう。コンピューターは，頭脳に相当する**プロセッサー**（processor）という装置を中心に構成されている。命令を解釈して全体の動作を管理する (A) **制御装置**（control unit）と，演算やデータ加工などの処理を行う (B) **演算装置**（arithmetic unit）の 2 つで構成されている。演算装置は，算術論理演算回路や **ALU**（Arithmetic and Logic Unit）という。

コンピューターで用いられるプロセッサーは，**中央処理装置**（**CPU**：Central Processing Unit）と呼ばれる。さまざまな目的に利用できる汎用のプロセッサーである。**MPU**（Micro Processing Unit）ということもある。プロセッサーの中核部分を構成する回路を**プロセッサーコア**（processor core）という。演算回路や制御装置など，プロセッサーの機能を一式持つ。単に**コア**（core）ともいう。

プロセッサーの仲間には，CPU のほかに DSP と GPU もある。**DSP**（Digital Signal Processor）は，音声や映像などのデータを取り扱う**信号**

処理（signal processing）を専門に行うプロセッサーである。さまざまな処理に対応できるCPUとは異なり，機能が絞られているものの，信号処理に求められる演算が高速に実行できる仕組みを持つ。A/D変換やD/A変換と組み合わせて，音楽，画像，映像といったコンテンツの加工や，無線電波の処理，センサーから得られたデータの処理などに用いられる。

GPU（Graphics Processing Unit）は，コンピューターにおいてディスプレーに表示する画像処理を担当するプロセッサーであり，画像表示を担当する**ASIC**（Application Specific Integrated Circuit）から発展したものである。ASICは，特定用途向けICと呼ばれる，ある特定用途のために設計されたICである。画像表示以外にも，さまざまな用途に応じたICが設計され，さまざまなところで用いられている。

コンピューターで実行されるOSやアプリケーションは並列処理の部分が少なく，実行に伴う処理も複雑である。このようなソフトウエアの実行はCPUが適する。一方で，画像処理や科学処理技術計算は，個々の処理は比較的単純であるが，非常に多くの並列処理を伴う。このような処理はGPUが適する。

GPUでは，演算性能を向上させるためにコアを数多く準備するなど，並列処理を高速に実行する用途に最適化されている。このことを生かし，本来の画像処理用途だけでなく，大気や液体の分析などの数値解析といった汎用的な計算処理にも用いられるようになった。このような利用を，GPUによる汎用的計算（**GPGPU**：General-Purpose computation on Graphics Processing Unit）という。

次に，(C) **記憶装置**（storage unit）について考えよう。主記憶装置と補助記憶装置に分けることができる。**主記憶装置**（main memory，main storage）は，**RAM**（Random Access Memory）と呼ばれる半導体メモリーで構成されており，プロセッサーから読み書きが直接可能である記憶装置である。プロセッサーで実行中のプログラムやデータなどを一時的に記憶し，電源を切ると記憶していた内容が失われる**揮発性**（volatile）を持つ。

一方，**補助記憶装置**（auxiliary storage unit）は，**不揮発性**（non-volatile）を持ち，電源を切っても記憶していた内容が失われない記憶装置である。プロセッサーから直接読み書きすることはできないため，補助記憶装置にあるプログラムやデータの実行は，主記憶装置に読み込む手続きが必要になる。主記憶装置よりも動作は低速であるが，記憶容量は大きいものが多い。コンピューターから取り外して持ち運びできる**リムーバブルメディア**（removable media）もある。ハードディスクドライブ（HDD：Hard Disk Drive）やSSD（Solid State Drive），SDメモリーカード（SD memory card），フラッシュメモリー（flash memory）などがある。

入力装置や出力装置について考えよう。(D) **入力装置**（input unit）は，データをコンピューターに入力する装置である。キーボードやマウス，センサーなど，外部からコンピューターに値を入力するものが該当する。(E) **出力装置**（output unit）は，コンピューターのデータを出力する装置である。モニターやプリンター，アクチュエーターなどである。

(D, E) **入出力装置**（input-output unit）は，(D) 入力装置と（E) 出力装置の両方が組み合わさった装置の総称である。単に，**I/O**（input/output）と呼ぶこともある。ネットワーク接続で用いる**ネットワークインターフェースカード**（**NIC**：Network Interface Card）や**ネットワークインターフェースコントローラー**（Network Interface Controller）などが該当する。

NICなど，コンピューターに接続する装置を**周辺機器**（peripheral equipment）という。コンピューターと周辺機器の接続は，**インターフェース**（interface）が用いられる。汎用入出力ポート（**GPIO**：General

Purpose Input/Output), **RS-232C**（アールエスにーさんにシー） などの**シリアルポート**（serial port), **USB**（ユーエスビー） (Universal Serial Bus) などがある。通信機能を実現する小型の周辺機器を**通信モジュール** (communication module) ということもある。

4.1.2 コンピューターとネットワーク機能

次に，コンピューターにおけるネットワーク機能について考えよう。コンピューターは図 4.2 に示すように，ハードウエアとソフトウエアで構成されている。

ソフトウエアは，**オペレーティングシステム** (**OS**（オーエス）: Operating System) と**アプリケーションプログラム** (application program) の 2 つに分けることができる。OS 上で実行されるアプリケーションは，**プロセス** (process) や，**スレッド** (thread) と呼ばれる単位で管理される。

AV 機器や生活家電など，PC 以外のコンピューターを搭載する機器のソフトウエアはフラッシュメモリーに書き込まれており，書き換えはあまり行われず，機器の動作を決定する働きをする。ハードウエアの制御を行うソフトウエアであり，ハードウエアとソフトウエアの中間に位置す

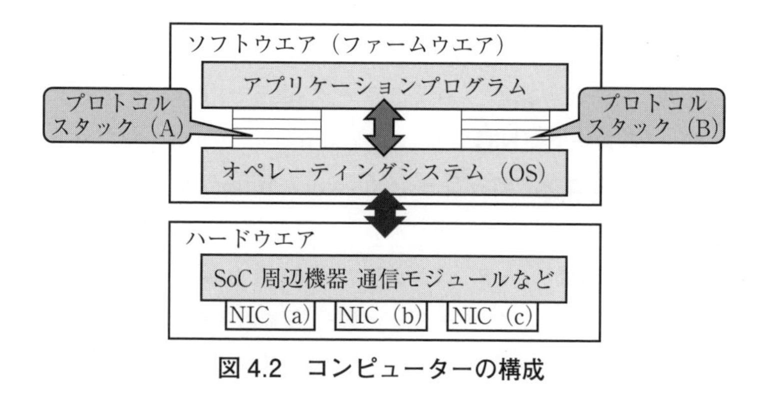

図 4.2 コンピューターの構成

ることから，**ファームウエア**（firmware）と呼ばれる。不具合の修正やOSバージョンアップなど性能向上のためや，ネットワークで提供されるサービスの仕様変更への対応など，製品出荷後も新しいファームウエアが提供されることも多い。メーカーのホームページからダウンロードしてUSB接続によるPC経由の更新や，無線LANや3G，4Gなどの**携帯電話通信網**（mobile communication network，移動体通信網）による無線通信を使った端末単独による更新もある。ファームウエア更新やデータ同期などを無線通信を使って行うことを**OTA**（Over The Air）という。特にOSやアプリケーションなど，無線通信経由でのソフトウエア更新を**OTAアップデート**（Over The Air update）ということもある。

ハードウエアは，CPUや周辺機器，通信モジュール，NICなどから構成されている。CPUや周辺機器の代わりに，4.1.3で学ぶSoCが用いられることもある。

さて，ネットワーク機能は，コンピューターにおいてどのように実装されているだろうか。3.2で学んだ，OSI参照モデルを参考にしながら，通信そのものの機能を担当する下位層である，第1層から第4層について考えよう。理論的に示された内容の実装について注目する。

●第1層 物理層

コンピューターのハードウエアに装備される**NIC**などのネットワークアダプターに該当する。コンピューターに拡張ボードの追加やUSB経由で接続することで実装される。複数のNICが接続されることもある。ネットワークアダプターは，目的とするネットワークにビット列を送受信する機能を持つ。有線LANであればLANポート，無線LANであればアンテナなどである。近年のPCは，有線LANや無線LAN，Bluetoothといった通信機能が標準で備わるものも多い。標準で備わるネットワーク機能は，メーカーがあらかじめ機能をコンピューターに追加し，利用者がすぐに利用できるようにしたものと考えることができる。

●第2層 データリンク層

ネットワークアダプターが持つ機能である。ネットワークにビット列を送受信する第1層の機能を受けて，接続されたネットワーク内で**フレーム**（frame）を用いた通信を行う機能を提供する。NICは，通信で使う**MAC**（マック）**アドレス**（Media Access Control Address）というメーカー出荷の際に割り当てられた固有のアドレスを持ち，第2層ではMACアドレスを使った通信を実現する。MACアドレスは，IEEE（アイトリプルイー）（Institute of Electrical and Electronic Engineers，米国電気電子技術者協会）により管理される製造メーカー番号と，製造メーカーが独自に割りふる製造番号の組み合わせで構成されており，世界中で重複しない番号である。コンピューターに搭載されたNICごとに割り当てられるため，複数のNICを持つコンピューターは，複数のMACアドレスを持つことが多い。また，無線LANでは，MACアドレスを使って通信を行うため，アクセスポイントへのアクセス制限のために用いることもある。アクセスポイントに登録したMACアドレス以外のアクセスは不許可にするなどの利用である。

●第3層 ネットワーク層

TCP/IPを例に考えると，第3層は**IPアドレス**に基づいた**パケット**による通信を提供する層である。第2層までは端末が接続されたネットワーク内のみを対象とする通信であるため，NICに備わるMACアドレスで対応できるが，第3層からはネットワークどうしをまたぐ通信を行うため，ネットワーク全体で定義されるIPアドレスの認識が必要となる。コンピューターのOSに設定されたIPアドレスを使い，第4層のデータをパケットの形に加工して第2層に渡したり，第2層から得られるパケットを第4層に渡す処理を行う。このとき，パケットに含まれるIPアドレスを確認し，適するネットワークが存在していれば，そちらに渡す**経路**

制御も行う。ネットワークに関する処理は，プロトコルスタックにより行われる。

コンピューターに接続されたNICは，OSに認識させるために，対応する**デバイスドライバー**（device driver）の読み込みが必要になる。認識とは，ハードウエアの機能をOSから利用可能にすることである。デバイスドライバーのインストールの際に，NICのドライバーだけでなく，ネットワーク機能の実現に必要となるプロトコルスタックがインストールされる。TCP/IPのように，広く使われるネットワーク機能は，プロトコルスタックの機能をOSが標準で持つことも多い。

プロトコルスタックは，OSが標準で持つこともあるが，図4.2のように，OSに追加された機能と捉えることができる。つまり，ネットワーク機能とOSが独立しているため，ネットワークはOSの機能に影響を受けず，異なったOSどうしでも通信が実現可能になっているといえる。また，異なった通信規格を利用する場合は，図4.2（A），(B)のように，複数のプロトコルスタックが追加される。複数のNICが接続されている場合は，(A)は(a)，(B)は(b)と(c)のように，それぞれ適切なプロトコルスタックに接続される。

●第4層 トランスポート層

アプリケーションで行う通信に対応する層である。第7層から第5層に位置する上位層で行われるアプリケーションからのデータを受け取り，第3層に渡す層である。また，第3層のパケットに含まれるデータからアプリケーションのデータに復元するとともに，指定された通信の種類に応じた通信品質になるようにデータを確認し，必要であれば再送などの処理を行う。通信の種類は，3.1.1で見たように，コネクション型とコネクションレス型の2つがある。アプリケーションでは，目的とする動作にあった通信を選ぶことが求められる。アプリケーション開発では，求める通信品質を考えてどちらかを選んでプログラミングを行い，目的に合った通信がなされるようにする。プログラム開発時にアプリケーションに記述された通信の指示に従い，目的の通信を実現する層である。

4.1.3 端末を構成するコンピューター

コンピューターは，図 4.1 で見たように，いくつかの部品が組み合わさって構成される。図 4.3 を見ながら，ハードウエアの組み合わせ方について考えよう。

(A) System on a Board（**SoB**（エスオービー））は，既製部品を使って基盤の上にハードウエアを構築する方法である。例として PC がある。PC は，**マザーボード**（motherboard）と呼ばれる基盤の上に構築されることが多い。マザーボードは，**チップセット**（chipset）と呼ばれるコンピューターの基本機能を構成する回路をまとめた IC（Integrated Circuit）を搭載しており，CPU，メモリー，周辺機器を取り付けるソケットやスロット，コネクターを持つ。

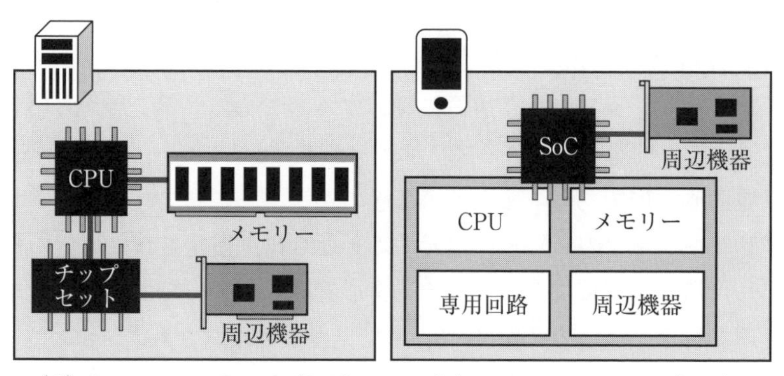

(A) System on a Board (SoB)　(B) System on a Chip (SoC)

図 4.3　コンピューターの構築方法

マザーボードを使ったハードウエアの構築は，目的とする性能に合う必要な部品を調達し，取り付けることで行う。部品は既製品を使うため，調達や変更は容易であり，ハードウエアの構築はやりやすいが，システムの小型化には限界がある。

(B) System on a Chip（**SoC**）は，動作に必要となる機能をまとめた1個のICを中心にしてハードウエアを構築する方法である。チップセットに相当する専用回路，CPUやメモリー，周辺機器がまとめられる。機能がまとめられたICはSoCと呼ばれる。モバイル端末の主要機能を実現するものや，画像処理を行う機能を実現するもの，自動車向けなど，さまざまな用途のものが開発されている。少ない数のICを使ってハードウエアが構築できるため，システムの小型化はSoBに比べて容易になる。

SoCに類似したものとして，**SiP**（エスアイピー）（System in Package）がある。1つのパッケージに複数のICを組み合わせたものであり，SoCとメモリー，周辺機器などから構成される。SoCは作り込まれるために機能の追加や修正が困難であるが，SiPでは，組み合わせるICの変更によって機能変更にも柔軟に対応できるという利点がある。

4.2　コンピューター利用による変化

それでは次に，コンピューターを使うことで変化するコンテンツの利用形態や，家電などの機器の制御について考えよう。また，ネットワークを使ったセンサーの活用についてみてみよう。

4.2.1　コンテンツの活用

1.1.3や1.1.4でも見たが，音楽や映像，写真などの取り扱いの変化について考えよう。

コンテンツを取り扱うメディアプレーヤーやAV機器は，SoCやASIC

を使って構成されるようになった。コンテンツは，コンピューターを介して扱われるようになり，ファイルの形で取り扱うことが一般的となった。このことにより，コンテンツをCDやDVDといった記録メディアによる管理から，PCや**NAS**（ナス）（Network Attached Storage）などの記憶装置に全てのコンテンツを保存し，一元管理して利用されるようになった。手持ちのCDなどのコンテンツを管理ソフトウエアであらかじめ読み込んでおき，楽しみたいときに目的のコンテンツを利用する形態である。

さらに，ネットワークによってコンテンツの利用は変化する。コンテンツの購入をネットワーク経由で可能にするダウンロード配信や，インターネットラジオやテレビといった放送に近いストリーミング配信，ネットワーク経由でコンテンツを蓄える機器と組み合わせてコンテンツ再生を行う**ネットワークオーディオ**（network audio）などがある。

まず，**ダウンロード配信**（download delivery）は，コンテンツの販売を行っているインターネットのWebサイトにアクセスし，CDやDVDなどの記録メディアの代わりに，コンテンツそのものをファイル単位で取得する方法である。アルバム単位だけでなく，1曲単位でも手に入れることが可能であり，好きなときに好きなコンテンツを手に入れることが可能になっている。また，記録メディアは記録形式が決まっているが，ファイルであれば特に決まりはない。このことから，ハイレゾ（high-res）と呼ばれるCDよりも高音質なデータを提供するWebサイトも登場するなど，記録メディアの枠に縛られないコンテンツも提供されるようになっている。

次に，**ストリーミング配信**（streaming delivery）について考えよう。ダウンロード配信はコンテンツそのものを送り，手元にファイルの形で残る配信方法であるが，ストリーミング配信はデータを順次送りながら再生を行い，手元に残らないようにコンテンツを送る配信方法である。

ストリーミング配信されるデータは，ダウンロード配信と同様のコンテンツであるが，逐次転送されるデータは再生のみに用いられ，手元に残らないように制御される。つまり，利用するソフトウエアによってコンテンツデータが管理され，その外に取り出すことができないように工夫されている。電波で放送するラジオやテレビの番組をネットワークで配信するサイマル配信（simulcast）などで用いられる。

最後に，ネットワークオーディオについて考えよう。PC やスマートフォン，メディアプレーヤー，オーディオ機器，NAS などをネットワークに接続してコンテンツを楽しむ方法である。ネットワークに接続される機器は，コンテンツ蓄積，コンテンツ再生，機器制御といった役割にあらかじめ分類されており，組み合わせ方のルールに従って利用する方法である。詳しくは 9.3.2 において学ぶ。

4.2.2　制御による機器の活用

これまで単体で動作していた AV 機器や生活家電がネットワークに接続されると何が変わるだろうか。次に，ネットワークを使った機器制御について考えよう。

これまでもコンピューターは機器制御のために用いられてきた。機器そのものの性能を高めて適切に動作させるためである。機器制御にネットワークが導入されると，ネットワークに接続された他の機器の動作を意識した協調動作が求められるようになる。機器の動作を制御する方法として，集中制御と分散制御の 2 種類がある。

集中制御（integrated control）は，管理装置を用いる制御方法である。全ての機器の状況を 1 か所に集めて分析し，ネットワークに接続された機器に指示を行って全体を制御する。管理する装置は，独立した装置であることや，コンピューターで動作するソフトウエアであることもある。

空調機器を例に，集中制御について考えよう。部屋に設置される空調機器は，エアコン，電気カーペット，扇風機，ファンヒーターなどがある。エアコンと電気カーペットや扇風機のように，エアコンと併用することで空気の循環をよくしたり，足元の寒さを補うことで効率的な冷暖房が可能になる。

空調機器の集中管理によって，節電などの条件を考慮しながら，温度設定や風量の設定を自動化することが可能になる。部屋に設置された各空調機器のセンサーや動作状況などの情報をもとに，節電などの条件を考えながらそれぞれの機器に最適となる設定を総合的に判断できるためである。機器単独による部分最適から，関連する機器を取りまとめた全体最適が実現される。

分散制御（distributed control）は，ネットワークに接続された機器どうしが自律的に通信を行って制御を行う方式である。ネットワークではそれぞれの機器が独立して動作しており，必要に応じて連携を行う機器と通信を行って制御する方法である。

自動車のエンジンとトランスミッションの変速を例に分散制御について考えよう。エンジンとトランスミッションが完全に独立して制御されていると，変速の際にショックが発生することがある。これは，次に選択されるギアが求めるエンジンの出力が現在の出力と異なるためである。

変速ショックを防ぐには，トランスミッションが変速を行う際に，エンジンに出力を下げるように指示を出し，変速を行うタイミングで出力を若干ダウンさせる制御が必要になる。エンジンの**ECU**（イーシーユー）（Electronic Control Unit）は，燃費や出力を担当するために独立しているので，トランスミッションを担当するECUからの依頼を受け付け，出力の調整を行う機能を追加することで対応する。トランスミッションのECUは，変速する際にエンジンのECU宛てに通知を行い変速ショックを防ぐ対応を行う。独立して動く機器どうしが動作の調整を行う制御である。

家電や自動車に搭載されるコンピューターは，4.1.3で見た，主要機能が1個のICにまとまったSoCが用いられることが多い。アクチュエーターやセンサーをSoCに接続すれば，少ない部品で目的とする機器が構成できる。また，ネットワーク接続に必要な機能がまとまった通信モジュールの登場により，機器へのネットワーク機能の組み込みも容易となっている。このことから，さまざまな機器をネットワークに対応させ，ネットワークを使った制御が実現しやすい環境になっている。

4.2.3　センサー情報の活用

モバイル端末のような小型コンピューターは，ネットワーク機能を持つと同時にさまざまな**センサー**（sensor）が搭載されるようになった。写真や動画を撮影するカメラ（camera），位置を調べる**GPS**（Global Positioning System）などで構成される**GNSS**（Global Navigation Satellite System），方位を電子的に調べるデジタルコンパス（digital compass），速度の変化を調べる加速度センサー，周りの明るさを調べる照度センサー，端末の周りに人や物体が近づいたことを調べる近接センサー，気圧センサーなどである。

センサーから得られる値は，利用者の行動や置かれた環境を分析するために活用できる。**コンテキストアウェアネス**（context awareness，状況認識）と呼ばれる情報である。センサーから得られる時々刻々と変化する値を記録し，分析するにはネットワークの世界が用いられる。図1.3で見たように，実世界に存在する小型コンピューターに搭載されたセンサーの電気信号を仮想世界にアップロードして，その中にあるコンピューターで処理を行って分析を行うとともに蓄積を行う。そして，蓄積された値をもとにして利用者の置かれた状況を推測し，最適なサービスの提供を行う。

SoC のように，コンピューターそのものが小型化されることによって，さまざまなセンサーが身近になりつつある。活動量計，体重計，血圧計などのヘルスケア端末や，腕時計型やリストバンド型のようなスマートフォンと連携した利用ができるウェアラブル端末である。これらは個人に依存する情報を取得できるため，より個人の活動に密接した情報の分析も可能になりつつある。

得られた情報を活用しやすくするために，センサーを搭載する端末は，ネットワーク機能を持つものも多くなった。このことは，ネットワークに得られたデータをアップロードして情報を一元管理することや，他の情報と組み合わせて有益な情報の提供を可能にする。スマートフォンの**アプリ**と組み合わせて，ダイエットのアドバイスや，いつ何をしたのかという生活の振り返りサービスなどが提供されるようになった。センサー情報の活用によって，的確な情報が得られるようになる一方で，個人情報の保護への考慮も必要となっている。サービス利用のために提供する情報や利用規約の確認を行い，納得した上で利用することが求められるようになっている。

演習問題 4

【1】CPU だけでなく，DSP や GPU がプロセッサーとして使われている理由について，それぞれの得意分野の違いに注目して考えてみよう。
【2】PC とスマートフォンのハードウエアを比較し，コンピューターを小型化する工夫について説明しよう。
【3】モバイル端末や組み込み機器のプロセッサーは性能を追求しないこ

とが多い理由を説明しなさい。

【4】モバイル端末はファームウエア更新に対応していることを確認しなさい。また，どのようなときにファームウエアが提供されるのか調べてみよう。

【5】集中制御と分散制御の違いを説明しなさい。

参考文献

Hisa Ando：コンピュータアーキテクチャ技術入門―高速化の追求×消費電力の壁，技術評論社（2014）．

山口晶大：はじめてのDSP活用大全 第2版，CQ出版社（2009）．

生駒伸一郎：DSP入門講座―デジタル信号処理の基礎知識とプログラミング，電波新聞社（2009）．

伊藤智義：GPUプログラミング入門―CUDA5による実装，講談社（2013）．

Jason Sanders, Edward Kandrot（著），株式会社クイープ（訳）：CUDA BY EXAMPLE―汎用GPUプログラミング入門，インプレスジャパン（2011）．

小俣光之：ルーター自作でわかるパケットの流れ―ソースコードで体感するネットワークのしくみ，技術評論社（2011）．

小高知宏：基礎からわかるTCP/IP Javaネットワークプログラミング 第2版，オーム社（2002）．

戸川 望：組込みシステム概論，CQ出版社（2008）．

西山高浩：無線LAN/Wi-Fiの通信技術とモジュール活用，CQ出版社（2014）．

安田 彰，岡村喜博：ハイレゾオーディオ技術読本，オーム社（2014）．

牧野茂雄：複雑になったエンジンの「都合」，Motor Fan illustrated Vol.81，三栄書房，pp.52-55（2013）．

阪田史郎：ユビキタス技術 センサネットワーク，オーム社（2006）．

葉田善章：コンピュータの動作と管理，放送大学教育振興会（2017）．

5 通信プロトコル

《**目標&ポイント**》 インターネットでの通信は，インターネットプロトコル（IP）が基本となっているが，通信品質を保証するためにTCPやUDPと呼ばれるプロトコルが用いられている。インターネットプロトコルについて学んだ後，TCPやUDPの働きについて理解するとともに，TCPやUDPに基づいて構築されたデータ通信や制御，マルチメディア配信などで用いられるプロトコルについて学ぶ。
《**キーワード**》 IP，TCP，UDP，制御システム，コンテンツ配信

5.1 インターネットの通信

インターネットで使われているTCP/IPは，パケットを使った通信を行う。通信というと，データが正確に送受信できることが最も重要と思われるかもしれない。しかしながら，正確性よりも速さを重視した通信も必要になるため，用途やコンピューターの性能，ネットワークなどの条件に合うように，TCPというコネクション型とUDPというコネクションレス型という2種類の通信方式が用意されている。私たちが通信を行うとき，実際に行われる処理を意識することはほとんどない。第3章で学んだ階層構造によって，実際に通信処理を行う下の処理を上の層が隠蔽しているためである。ここでは，ネットワークで行われている通信について考えよう。

5.1.1　インターネットプロトコル

TCP/IPにおけるパケット通信は，OSI参照モデルでは第3層に相当し，**IP**（Internet Protocol）によって行われる。送信元から宛先へのパケットの通信について，図5.1を見ながら考えよう。

送信元からn個のパケットが出されたとき，宛先には送信された順番で受け取られる保証はなく，順番が変化して届くことがある。ネットワークは宛先に到達する複数の経路を持つことも多く，パケットごとに転送される経路の指定はできないためである。どこかにトラブルが発生しても別の経路を使って通信できる利点もあるが，複数のパケットを順に送信しても，同じ順番で受信できる保証が存在しないことになる。このため，複数のパケットで構成される大きなデータは，宛先となる端末側でパケットを正しい順に並び替えて復元することが必要になる。

パケットは**IPアドレス**に基づいて経路制御を行い，複数のルーターを経由して宛先のコンピューターに送られる。途中の経路でルーターの処理限界を超える通信があったり，**通信路容量**を上回る通信が行われていた場合などは，パケットの紛失が発生することもある。このように，インターネットは，希望する通信がいつも実現される保証がなく，不確実

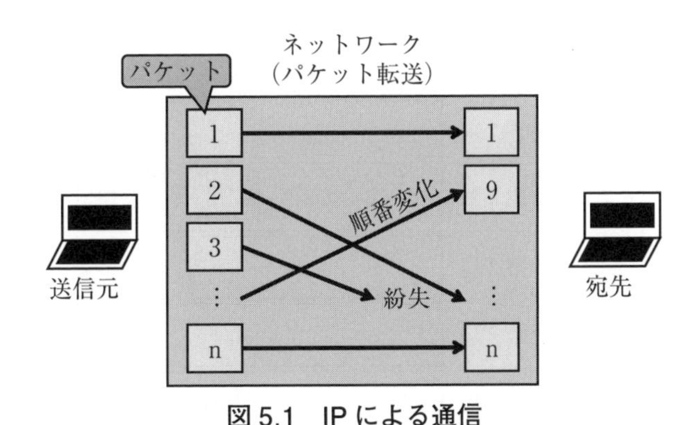

図5.1　IPによる通信

なものである。

しかしながら，現実に行われる通信では，大きなデータであっても送受信できる。これは，不確実な通信路を使って，大きなデータの受け渡しを確実に行う機能があるためである。データの消失や，パケットが届く順番の変化などへの対応を行う機能である。

5.1.2 通信品質を決めるプロトコルの必要性

インターネットの通信路はパケットを運ぶ機能しか持たない。ルーターやスイッチングハブなどの装置は，図 3.1 で見たように，第 1 層から第 3 層のデータしか扱えないためである。通信品質に関するプロトコルは，図 5.2 にあるように，第 3 層より上の層，第 4 層に位置するため，パケットの送受信を行う端末により提供される。

TCP/IP における通信品質に関するプロトコルは，データを誤りなく送受信するための **TCP**（Transmission Control Protocol）と，パケット単位での通信を実現する **UDP**（User Datagram Protocol）の 2 種類が用意されている。UDP は，TCP のようにデータを誤りなく送信できることを目的としておらず，制限時間内に通信を完了させるという，**リアルタイム性**（real time）を重視するシステムに対応するために用意されてい

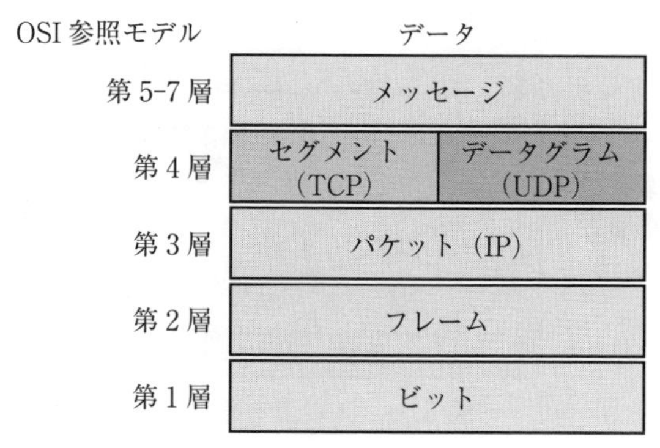

図 5.2　OSI 参照モデルとデータ

る。TCPとUDPはOSI参照モデルの第4層トランスポート層に相当するプロトコルであり，第3層に位置するIPの機能を用いて実現される。

5.1.3　通信の多重化

次に，図5.3を見ながら，コンピューターにおけるパケットの取り扱いについて考えよう。パケット通信で使われる第3層のIPパケットは，コンピューターの送信元や宛先の情報しか持たない。コンピューターの通信は，4.1.2で学んだOSで実行されている**アプリケーション**の管理単位である**プロセス**（process）が行うため，パケットによる通信データをアプリケーションに対応付けることが必要になる。

アプリケーションとの対応付けは，**ポート番号**（port number）を用いて行う。アプリケーションの通信時に用いる番号であり，第4層のトランスポート層にて対応する。ポート番号はコンピューターで実行されるアプリケーションと1：1に対応しており，IPアドレスと組み合わせることで通信相手のプログラムが指定できる。このように，IPアドレスとポート番号を組み合わせることで，実行されている複数のアプリケーションによる通信が混乱せず，同時に通信することが可能になる。このことを，2.3.1でも学んだ**パケット多重化**という。ポート番号は，TCPとUDPで

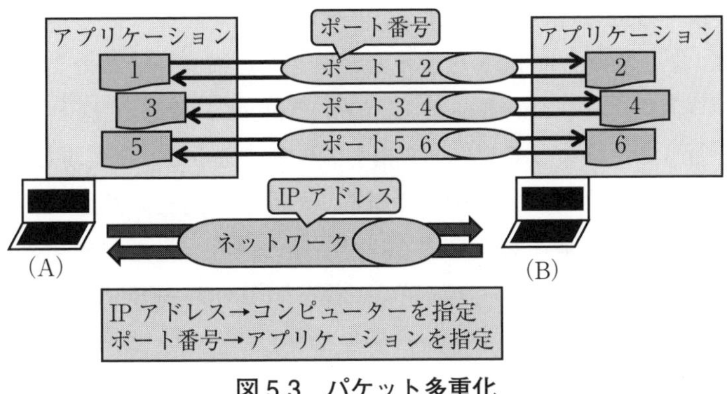

図5.3　パケット多重化

独立して管理されている。

ネットワークでは第3層のIPパケットを使った通信が行われているため，コンピューターどうしによる1：1の通信である。しかし，プロトコルスタックにより第4層の処理が行われ，ポート番号によってアプリケーションと通信の対応付けが行われると，通信相手のコンピューターで実行されるアプリケーションとの1：1による通信に変化する。3.2.2で見た，OSI参照モデルの同じ層とのやりとりに該当する。

5.2　データ送信のための通信

コンピューターどうしの通信は，図2.1において，ネットワーク上で1本の道である**通信路**が作られて行われることを見た。通信路の上にデータを流すと，データが正しく通信相手のコンピューターに届くという通信である。このような通信がコネクション型の通信であり，TCPによって実現される。

5.2.1　確実な通信を実現するプロトコル

確実に通信を行うために使われるTCPについて考えよう。図5.2で見たように，TCPは第3層の機能をもとに動作するプロトコルである。**信頼性のある通信**（reliable communication）を実現する。ここでいう「信頼性」は，確実に通信が行われることをいう。

図5.4を見ながら，TCPを使ったデータ転送について考えよう。転送制御プロトコル（Transmission Control Protocol）であるTCPは，通信制御を行うことによってデータを相手に確実に送ることを実現している。通信相手とのコネクション確立や解放，パケット到達の確認，パケットの正しい順序への並べ替えによる到着順序の保証，宛先がデータの処理に対応できない場合にデータ転送の調整を行うフロー制御などである。

通信相手とのコネクションの確立は，通信を行うアプリケーションとの間に，**仮想的な通信路**とも呼ばれる，**論理的な通信路**を構築することである。このことは3.1.1でも学んだ。コネクションを確立したアプリケーションどうしは，第3層以下のプロトコルの動作を意識することなく，作成された通信路にデータを書き込むだけで相手にデータを送信できるようになる。つまり，実際の通信ではTCPによって送受信するデータの分割や結合が自動的に行われ，ネットワークでのパケットによるデータ通信を実現している。TCPによってパケット到達の確認や到着順序の管理，フロー制御といった通信制御が自動的に行われる。このため，プログラムから見ると**ストリーム**（stream）と呼ばれる，切れ目のないデータの流れとして扱うことができる。IPに渡すデータの塊は，**セグメント**（segment）という。

TCPは作成したコネクション，つまり，通信路の管理をしているため，アプリケーションの終了時など，作成された通信路が不要となったときは，確立したコネクションの解放が必要となる。コネクションの確立では，通信を開始する側から始まる3回のメッセージのやりとりにより手続きする**3ウェイハンドシェイク**（3 way handshake）によって行われる。一方，コネクションの解放は，4回のメッセージのやりとりにより手続きする**ゆるやかな解放**（graceful close）により行われる。通信を終了

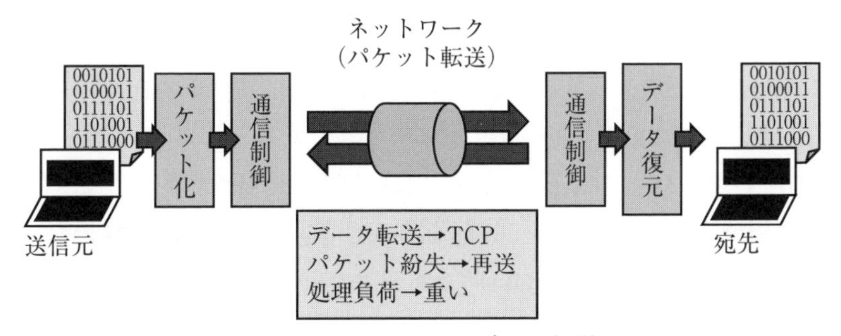

図5.4　TCPによるデータ転送

することが決まったら，通信を行う端末のどちらから解放手続きを開始してもよい。

5.2.2 TCPを使った通信

TCPは，ファイルやWebページのダウンロード，メールのやりとりなど，データが変化すると困る通信に用いられる。再送処理やパケット到達の確認など，コンピューターで行う通信にかかる処理は重く，対応するためにコンピューターのリソースを要する。時間を要してもデータを確実に送信する通信に特化されているため，データ通信に向く仕様になっている。

5.3 信頼性のない通信

次に，信頼性のない通信ともいわれる，コネクションレス型の通信を実現するUDPについて考えよう。

5.3.1 信頼性のない通信を行うプロトコル

TCP/IPが開発された当初は，TCPのみで通信が行われていた。しかし，リアルタイム通信を行おうとすると，再送要求やパケットの到達順序の保証への対応のために，データの通信が終わるまではデータがアプリケーションに渡されないことから，TCPではリアルタイム通信への対応が困難という問題が出てきた。このため，TCPとは逆に通信制御をできるだけ省き，パケット単位でできるだけ高速に通信する仕組みが必要となった。これに応じて登場したのがUDPである。

UDP（User Datagram Protocol）は，図5.1で見た，IPによるパケット転送機能をそのまま使って通信を実現する。つまり，**信頼性のない通信**（unreliable communication）である。パケット到着順番の変化や紛失が発生する可能性があるが，再送要求などの通信制御が行われないため，通信を行うアプリケーション自身がパケット送受信に責任を持つ必要がある。これがアプリケーションがデータ通信に責任を持たないTCPとの違いである。セグメントやストリームのように，複数のパケットを束ねてデータを構成する機能は持たず，パケット単位による通信となるため，通信の単位は**データグラム**（datagram）と呼ばれる。

5.3.2　UDPの通信

UDPの通信について，図5.5を見ながら考えよう。TCPのように，通信の前にコネクションを確立することはないため，コネクションレス型という。アプリケーションからデータを出力すれば相手がそのデータを受け取れる仮想的な通信路は作成されない。しかしながら，TCPよりも通信に要する処理が少ないため，制限時間内に通信を完了させるという，リアルタイム性を重視した通信も実現しやすい。

UDPは，これまで見てきたように，通信本来の機能を実現するために付随する処理がTCPに比べて少ない。このように，本来の処理を実現するために付随する処理を，**オーバーヘッド**（overhead）という。

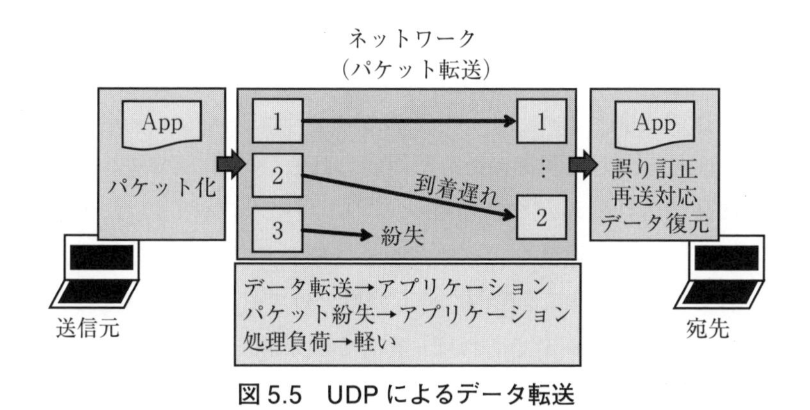

図5.5　UDPによるデータ転送

5.3.3 UDPによる通信の例

UDPは信頼性のない通信ではあるものの，アプリケーションが通信で関わる部分が大きく，通信の自由度を高めた設計ができるため広く用いられている。ここでは，(A)マルチメディアデータの通信，(B)制御のための通信，(C)ネットワークやコンピューターの都合による通信について考えてみよう。

(A) マルチメディアデータの通信

リアルタイム性を重視したアプリケーションは，インターネットラジオやテレビ会議システム，IP電話などの映像や音声を用いたマルチメディア（multimedia）データの配信が代表的である。ファイルをダウンロードし終わってから再生するのではなく，データを受信しながら再生を行うような配信である。

マルチメディアデータの通信では，時間軸に沿ったデータの受信と再生が求められる。到着遅れや紛失したパケットがあった場合は，再送を要求するよりも，再生側でデータを埋め合わせる誤り訂正（error correction）などの処理を行い，再生を継続させることが望ましい。つまり，決められた時間内にパケットが受け取れないと，アプリケーションの処理が意味をなさない通信である。

(B) 制御のための通信

データ通信でのUDPの利用は，小さなデータのやりとりを行う場合のように，TCPを使うとネットワークの利用効率が悪くなる場合や，リアルタイム性を重視した制御のために用いられる。UDPは宛先にパケットを確実に届ける仕組みがないため，アプリケーションの設計に工夫が必要になる。つまり，通信を行うデータを分類し，必ず宛先に届けたいものと，消失しても動作に影響がないものに分けて対応を考える。

消失しては困るデータであれば，宛先が受け取った後に，届いたことを送信元に伝えるようにする。一定時間内に送信元が届いた連絡を受け取れなければ再送を行う処理を行い，確実に届くようにする。消失しても差し支えがないデータであれば再送は行わない。前後に送信したデータから補完や動作の推測ができる場合などが該当する。

(C)　ネットワークやコンピューターの都合による通信

ネットワークの都合でUDPを用いることについて，TCPと比較しながら考えよう。TCPは，パケットが確実に送られているかを通信によって確認する。つまり，パケット送信が確実に行われたことを確認するために，データとは異なる制御のための通信が行われており，本来のデータ通信以外にも伝送路が用いられる。このため，伝送路が持つ実際の**通信路容量**よりも通信できるデータ量が少なくなる。UDPであれば，本来のデータ通信のみが行われるため，伝送路を有効に利用できることになる。限られたネットワーク回線の通信路容量を最大限に使って，より多くの通信を実現させたい場合にUDPが選択されることがある。

次に，コンピューターの都合でUDPが利用されることについて考えよう。TCPでは，届いたパケットに誤りがないか確認したり，適切な順に並び替えを行うなど，データを確実に送信する処理が行われる。この処理はコンピューターのリソースを消費する。このことから，モバイル端末などプロセッサーの性能が低めで，搭載されるメモリーが少なく，リソースを限界まで活用するような装置では，ネットワーク処理への対応が他の処理との兼ね合いから困難になることもある。そこで，利用できるリソースが限られる端末では，できるだけコンピューターへの負荷を低くするため，UDPを用いて通信を実現することがある。

5.4　アプリケーションとプロトコル

次に，TCPやUDPを使った通信について，図5.6を見ながら考えよう。データ通信や制御，マルチメディア配信のプロトコルについて見てみよう。

5.4.1　データ通信のためのプロトコル

データ通信を実現するアプリケーションはさまざまな種類がある。**WWW**（ダブリュダブリュダブリュ）（World Wide Web）を利用するために用いるWebブラウザー（Web browser），電子メール（electronic mail，e-mail）を読み書きするメーラー（mailer），ファイル転送を行うツールなどである。

通信相手のコンピューターとは，アプリケーションに対応したプロトコルにより通信が行われる。WebブラウザーであればHTTP，メーラーであればSMTP，ファイル転送を行うツールであればFTPである。プロトコルは，特定のアプリケーション専用であることもあるが，汎用的にさまざまな用途に用いられるものもある。例えば，HTTPはWebページの送受信以外にデータの取得などにも用いられる。

(A)　HTTP

HTTP（エイチティーティーピー）（HyperText Transfer Protocol）は，Webページを記述

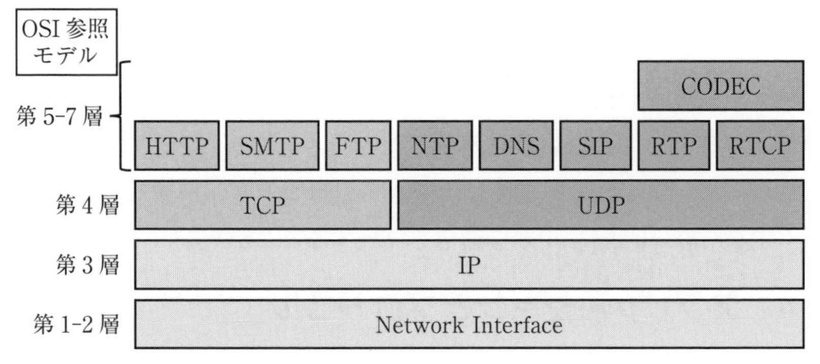

図5.6　アプリケーションとプロトコル

するHTML（HyperText Markup Language）などのコンテンツ送受信で用いられるプロトコルである。コンテンツを蓄える**サーバー**（server）と，コンテンツを受け取る**クライアント**（client）の間のやりとりの方法を決めている。クライアントがコンテンツをサーバーからもらう方法や，サーバーに蓄えたコンテンツの操作方法などである。通信は，TCPの機能を拡張する形で行われており，第4層であるTCPよりも上の層に位置するプロトコルである。ポート番号は，80番が用いられることが多い。

(B) SMTP

SMTP（Simple Mail Transfer Protocol）は，メールを転送するために用いられるプロトコルである。メーラーを使ってメールをサーバーに送信する際の決まりや，サーバー間のメール転送の方法を決めている。通信は，HTTPと同様，TCPを用いて行われ，TCPよりも上の層に位置するプロトコルである。ポート番号は，25番が用いられることが多いが，クライアントからの接続では，587番を用いられることが多くなった。

(C) FTP

FTP（File Transfer Protocol）は，ファイル転送で用いられるプロトコルである。Webサーバーへのファイル送信や，インターネットからのファイル受信などで用いられる。ファイルを蓄えるサーバーとファイルを受け取るクライアント間のやりとりを決めている。クライアントは通常，利用者側のPCである。HTTP，SMTPと同様，TCPが用いられている。

ファイル一覧やファイルの内容といったデータそのものの送受信と，動作を指示するコマンドや相手からのコマンドに対する応答を送受信する制御データのやりとりは，別々のポート番号を使って通信されている。データの送受信は20番，制御データは21番のポート番号が用いられることが多い。

5.4.2　制御のためのプロトコル

コンピューターを制御するために用いられるプロトコルである，NTPとDNSについて考えよう。

エヌティーピー
NTP（Network Time Protocol）は，コンピューターを正しい時間に同期させるために用いられるプロトコルである。ネットワークに数多くの端末が接続され，お互いに通信が行われるようになると，何を基準にして動作するかが課題になる。このため，時間を基準にシステムや作成されたデータの同期が行われることが一般的である。

NTPは，時間を同期するために用いられるプロトコルである。時間を提供するサーバーと，サーバーの時刻に合わせるクライアントが組になって動作する。やりとりされるデータは小さいため，UDPが用いられている。つまり，UDPの通信を使ってNTPの機能が構築されており，UDPを拡張したプロトコルと考えることができるため，NTPはUDPよりも上位のプロトコルとなっている。ポート番号は123番が用いられる。

ディーエヌエス
DNS（Domain Name System）は，IPアドレスと，コンピューターやネットワークを識別する名前であるドメイン名やホスト名との対応を管理するシステムである。TCP/IPのネットワークは，IPアドレスでコンピューターの宛先を管理しているが，番号よりも覚えやすい文字や記号の並びで取り扱うことを可能にする。DNSサーバーとのやりとりでは，TCPまたはUDPが用いられる。ポート番号は，53番であり，通常は速度を考慮してUDPを用いた通信が行われる。

NTPやDNSのように，小さなデータのやりとりでは，TCPよりもUDPを用いることで効率的に，そして高速に通信できることが多い。

5.4.3　マルチメディア配信のためのプロトコル

さて次に，インターネットラジオやIP電話などで用いられる，マルチメディア配信で用いられるプロトコルについて考えよう。ここでは，RTP，RTCPとSIPについて考えよう。

(A) RTPとRTCP

RTP（アールティーピー）（Real-time Transport Protocol）は，遅延が許されない動画や音楽のストリーミング配信で用いられるプロトコルである。映像や音声そのものは，**CODEC**（コーデック）（COder/DECoder，COmpressor/DECompressor）と呼ばれる符号化を行うソフトウエアを用いて取り扱われる。CODECで符号化されたデータをもとに，RTPがネットワークで配信できる形に変換する。つまり，図5.6にあるように，CODECの下にRTPが位置することになる。

RTPは，UDPの機能を使って映像や音声が配信できるように，動画や音楽のデータを区切って必要な情報を載せるパケット化や，パケット転送時の遅延，到着の揺らぎなどへの対応，パケットの消失（破棄）への対策，音楽や映像などのメディア間の同期といった機能を担う。

RTP自体は，配信を制御する機能は持たないため，ネットワークが混雑してパケットが消失していても配信し続けることができる。このことに対応するため，データのフロー制御などを行う**RTCP**（アールティーシーピー）（RTP Control Protocol）というプロトコルを組み合わせて用いる。フロー制御は，RTCPを使って宛先から受信パケットの廃棄率やパケット到着間隔の揺らぎを送信元のRTPに伝え，通信を行う伝送レートなどの調整を行うことで行う。

(B) SIP

SIP（シップ）（Session Initiation Protocol）は，IP電話などで用いられる仮想的な通信路である，汎用のセッション（session）を管理するプロトコルである。映像や音声は，RTPを使って送信できるが，配信前に，接続先の相手や，接続や切断するタイミング，映像や音声のCODECを決めるなどの手続きが必要である。これを行うのがSIPである。電話をかけたり切ったりする一連の処理に相当し，発信，着信，応答，切断といった呼制御を行う。このことで，クライアントどうしの通信を実現する。通信は，UDPを使って行われることが多いため，確実に通信できるように，パケット欠落に対応したメッセージ再送の仕組みを持っている。

演習問題 5

【1】インターネット通信でTCPとUDPが使い分けられている理由を説明しなさい。
【2】ビデオ会議システムなどの映像や音声の配信でUDPが用いられる理由を説明しなさい。
【3】IPアドレスとポート番号の違いを説明しなさい。
【4】TCPが適する通信であっても，コンピューターやネットワークの都合でUDPが用いられることがある理由を説明しなさい。

参考文献

アンドリュー・S・タネンバウム，デイビッド・J・ウエザロール（著），水野忠則，相田 仁，東野輝夫ほか（訳）：コンピュータネットワーク 第5版，日経BP社（2013）．
Philip Miller（著），苅田幸雄（訳）：マスタリングTCP/IP応用編，オーム社（1998）．
Colin Perkins（著），小川晃通（訳）：マスタリングTCP/IP RTP編，オーム社（2004）．
Henry Sinnreich, Alan B. Johnston（著），株式会社ソフトフロント 阪口克彦（監訳）：マスタリングTCP/IP SIP編，オーム社（2002）．
五十嵐順子：いちばんやさしいネットワークの本，技術評論社（2010）．
笠野英松：マルチメディア・ストリーミング技術，CQ出版社（2011）．
安田 彰，岡村喜博：ハイレゾオーディオ技術読本，オーム社（2014）．
三上信男：ネットワーク超入門講座 第3版，ソフトバンク クリエイティブ（2013）．
芝﨑順司：情報ネットワーク，放送大学教育振興会（2014）．

6　コンピューターの利用形態

《**目標＆ポイント**》 コンピューターをネットワークに接続し，利用する形態について学ぶ。集中処理や分散処理，分散処理から集中処理への回帰としてクラウドコンピューティングについて理解する。そして，ネットワーク上で用いられるコンピューターの活用形態として，グリッドコンピューティングやユビキタスコンピューティングについて学ぶ。
《**キーワード**》 集中処理，分散処理，グリッドコンピューティング，ユビキタスコンピューティング，クラウドコンピューティング

6.1　ネットワークの利用

これまで，通信モデルやプロトコル，コンピューターについて考えてきた。ネットワークは，生活インフラの1つといっても過言ではないものとなった。ネットワークの利用形態は，コンピューターを利用する目的や接続する通信回線の状況，コンピューターの性能といった技術の進歩や**アプリケーション**の変化などの要因によって，今も変化しつつある。ネットワークを使ったコンピューターの利用形態について考えよう。

6.1.1　コンピューター単独の利用

最初に，ネットワークに接続しない場合について考えておこう。コンピューターをネットワークに接続せずに利用することを，**スタンドアローン**（stand alone）という。スタンドアローンでは，コンピューターに**インストール**（install）されたアプリケーションの利用が中心となる。イン

ストールは，アプリケーションをコンピューターで利用できるように作業することである。

外出中のノートPCの利用や，機密データを扱うためにセキュリティー上の対策からなど，何らかの理由でネットワークに接続しない場合の利用形態である。ネットワークに接続していない状態に注目して，**オフライン**（offline）ということもある。現在のコンピューターは，ネットワークに接続されることが一般的となったが，従来はスタンドアローンでの利用が一般的であった。

ワープロや表計算ソフトなど，コンピューター内に内蔵されたアプリケーションやデータ，コンピューターに接続されたプリンターなどの周辺機器の利用が中心であり，作成されたデータはコンピューターの中への保存となる。Webブラウザーによる調べ物やデータのダウンロードなどはできない。他のコンピューターにデータを渡す場合は，USBメモリーなどを使って行う。コンピューターが持つ資源やデータを使った作業のみが可能であり，他のコンピューターの資源やデータを使うことはできない。

ノートPCなどでは，移動中はスタンドアローンによる利用を行い，必要に応じて電話回線などを使って一時的にネットワーク接続を行う**ダイヤルアップ**（dial-up）や，携帯電話通信網に接続されたスマートフォンのWi-FiやUSBを用いてネットワーク接続を行う**テザリング**（tethering）を用いることがある。従量制の回線を用いてネットワークに接続するため，必要とするタイミングに限定した接続となる。ネットワークに接続された状態のことを，**オンライン**（online）という。

ダイヤルアップやテザリングによるネットワーク接続を行ったときは，内蔵されたアプリケーションの利用のほかに，電子メールの送信や受信，掲示板への書き込み，ファイルの交換など，他のコンピューターとのやりとりが可能となる。このように，オンラインとオフラインでは，コンピューターの利用方法が大きく異なる。なお，ネットワークにコンピューターがいつも接続されている状態は，**常時接続**（full-time connection）という。

6.1.2　利用形態の移り変わり

次に，ネットワークを中心としたコンピューターの利用形態について考えよう。**ネットワーク・コンピューティング**（**NC**（エヌシー）：Network Computing）や，**ネットワーク・セントリック・コンピューティング**（**NCC**（エヌシーシー）：Network Centric Computing）という。

ネットワークは，コンピューターどうしを結ぶ仕組みである。物理的に置かれた距離にかかわらずにコンピューターどうしを結び，コンピューターが持つ資源やデータの共有を可能にする。図 6.1 を見ながら考えよう。

（A）集中処理

最初に登場したのは，**ホストコンピューター**（host computer）や**メインフレーム**（mainframe）と呼ばれる，企業の基幹業務で用いる汎用コンピューターを利用するための**集中処理**（centralized processing）である。

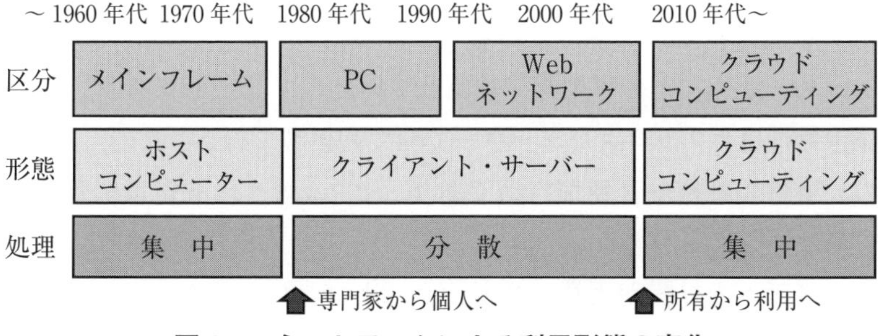

図 6.1　ネットワークによる利用形態の変化

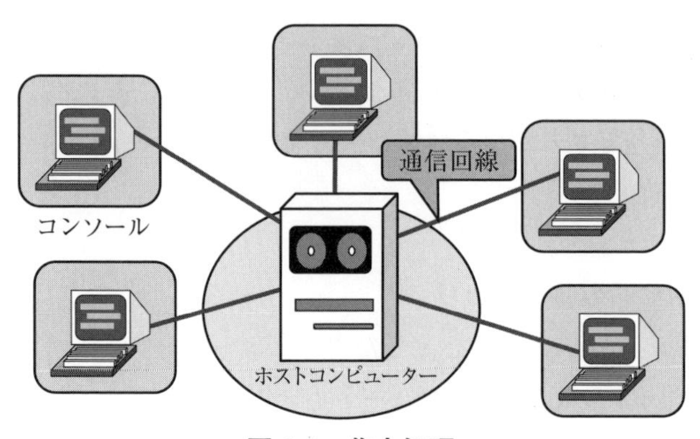

図 6.2　集中処理

現在でも，金融や製造業などにおいて用いられている形態である。

図 6.2 に示すように，データ入出力を業務を行う現場に置かれた端末で行い，処理を中央に置かれたホストコンピューターで行う形態である。ホストとは，何らかの処理を担当したり，サービスを提供するようなコンピューターをいう。一般的に用いられるコンピューターよりも，演算機能や記憶装置など**計算機資源**（computer resource）の性能が高いものである。現場に置かれた端末は，**コンソール**（console）や**ダム端末**（dumb terminal）と呼ばれる。集中処理が主流であったときはコンソールの性能が低く，ホストコンピューターへのデータ入力と，処理された結果を表示する機能程度しか持たないものであった。コンソールとホストコンピューターは，1：1 の専用線で結ばれていた。

集中処理はホストコンピューターで全ての処理を行う。このため，データの一貫性の維持や管理が容易であり，セキュリティー対策や運用管理が容易という利点がある。一方で，1 つのシステムを作り込んでしまうためにシステムの拡張が困難であり，ホストコンピューターにシステム障害が発生すると，全ての機能に影響を受けるという欠点もある。

時代の移り変わりとともにコンピューターとして性能の高いPCが登場し，Web，インターネットといったネットワーク技術が発達してきた。ホストコンピューターは専門の技術者が管理していたが，PCは個人が計算機資源全てを取り扱うことを可能にした。「専門家から個人へ」という大きな変化である。そして，ネットワークも分散処理に主流が移り変わって行った。

(B) 分散処理

次に，**分散処理**（distributed processing）について考えよう。分散処理は，図6.3に示すように，ネットワークに接続された複数のコンピューターが役割分担を持って機能を提供する形態である。クライアントサーバー型とピアツーピア型の2種類がある。

(a) **クライアントサーバー**（client server）は，サーバーとクライアントという2種類のコンピューターを使って処理を行う形態である。**サーバー**（server）は，データを管理し，クライアントからの依頼を受けて機能を提供するコンピューターである。多数のクライアントからの要求に対応できる性能の高いものが使われ，サーバー室など専用の部屋に置

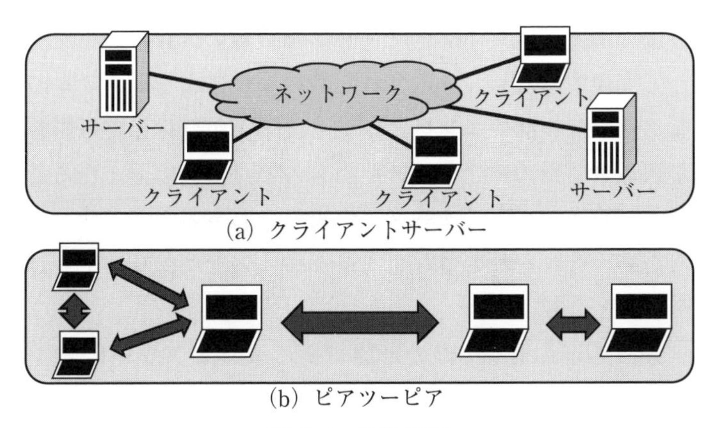

(a) クライアントサーバー

(b) ピアツーピア

図6.3　分散処理

かれることが多い。**クライアント**（client）は，必要に応じてサーバーに要求を行うコンピューターである。一般に使われるPCや，モバイル端末などのコンピューターである。

インターネット上で提供されるサービスは，サーバーとクライアントが対応する形で構成されている。例えば，Webは，Webページを蓄積・提供するHTTPサーバーと，WebブラウザーなどのHTTPクライアントのペアにより構成されている。HTTPサーバーはWebサーバーと呼ばれることもある。メールは，メールサーバーとメールクライアントのペアで構成されている。メールクライアントは，メールを送受信する機能を持ったメーラーを表す言葉である。メールサーバーは，メーラーから送信したメールデータを宛先となるユーザーが登録されたメールサーバーに転送する機能と，インターネット上のメールサーバーから登録ユーザー宛に送信されたメールデータを受け取って保存する機能を持つ。

サーバーは，複数のクライアントから接続されるため，想定する数のクライアントから同時に接続が行われてもレスポンス低下が発生しないよう，負荷に対応できるリソースを持ったコンピューターが選択される。

分散処理は，複数のコンピューターにサービス提供の負荷が分散される処理方法である。提供すべきサービスを複数のコンピューターに機能を分割して実現するため，分割された機能単位によるシステムの拡張が容易になるほか，一部のコンピューターに障害が発生しても影響を及ぼす範囲が限られるため，サービスそのものの提供は可能となることが多い。一方で，複数のコンピューターが組み合わさることでサービスが構成されるため，それぞれのコンピューターへのセキュリティー対策や運用管理が必要となる。

次に，分散処理のもう1つの形態である（b）**ピアツーピア**（peer to peer）について考えよう。toとtwo（2）が同じ読み方であることから，

P2P[1]と表記されることもある。クライアントサーバー型とは異なり，コンピューターどうしが対等の関係で通信を行う形態である。サーバーのように制御を行う特定のコンピューターが存在せず，目的とする利用者のコンピューターに直接接続を行うため，ネットワークなどの障害に強いという特徴がある。

インターネットで提供されるほとんどのサービスはクライアントサーバーによる分散処理により構成されているが，**仮想マシン**（**VM**（ブイエム）：Virtual Machine）の登場により，ネットワークの中に多数のコンピューターを置くことが可能になった。仮想マシンは，サーバーの構成や負荷への対応など，さまざまな要求に柔軟に対応できる。仮想マシンの特性を利用し，見かけは小型コンピューターによる分散処理であるが，コンピューターが格納された**データセンター**（data center）による集中処理への回帰が進むようになった。このとき，何かサービスを利用するために，ハードウエアやソフトウエアを購入する必要はなくなった。ネットワークに接続し，Web ブラウザーなどを利用することで，アプリケーションをはじめとするサービスが利用できるようになっている。つまり，「所有から利用へ」の変化が進みつつある。仮想マシンについては，第 12 章で学ぶ。

(C) 分散処理から集中処理への回帰

集中処理への回帰について考えよう。コンピューターの利用形態の 1 つである，クラウドコンピューティングと密接に関係する。

クラウドコンピューティング（cloud computing）は，アプリケーションやデータ，コンピューターなどをネットワークを介して活用する利用形態である。IT 業界において，ネットワークを雲に例える表現が多いことから，**クラウド**（cloud）という言葉が用いられるようになったといわれている。図 6.4 のように，ワープロや表計算などのアプリケーション，アプリケーション実行で必要となるデータ，アプリケーションの利用で

1）この書き方の場合，「ピーツーピー」と読むこともある。

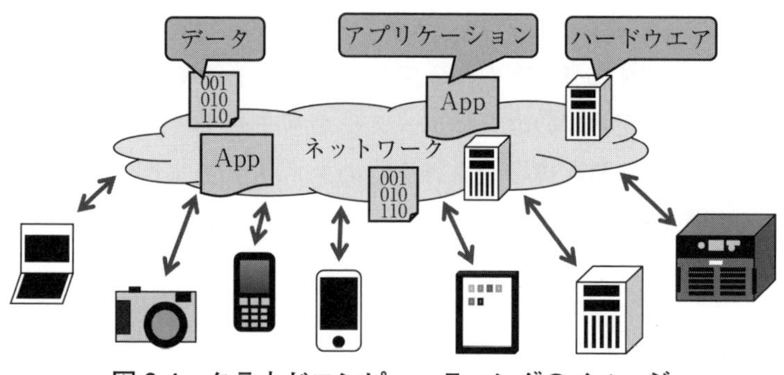

図 6.4　クラウドコンピューティングのイメージ

作成されたデータ，**仮想化**（virtualization）されたコンピューターのハードウエアなどをネットワークを介して利用する。仮想化されたコンピューターについては，第 12 章で学ぶ。

クラウドには，世界中のデータセンターに設置された大量のサーバーが持つ**計算機資源**（computer resource）があり，提供されるサービスに応じて組み合わせて利用される。クラウドと私たちの世界を結び付けるのがインターネットであり，PC やモバイル端末などのコンピューターが接続される。ネットワークに接続される端末ということに注目して，**インターネット端末**（internet terminal）や**ネット端末**（net terminal）ともいう。第 1 章の図 1.3 で見た，実世界にあるのがインターネット端末であり，クラウドが仮想世界のコンピューター処理に対応する。

従来の分散処理では，私たちが使う PC などのクライアント側のコンピューターは，高性能のプロセッサー，大容量のメモリーやハードディスクドライブ（HDD），SSD（エスエスディー）（Solid State Drive）といった記憶装置など，性能が高いものの方がサービスを快適に利用できる場合が多かった。ところが，クラウドコンピューティングでは，クラウド上の計算機資源で処理を行い，作成したデータをクラウド上に保存したり，クラウド上のデータを利用することが多くなる。クライアント側で行う処理が少なくなるため，一定水準以上の性能があれば影響がないことになる。個人が所有するPCでWebやネットワークを利用したアプリケーションの利用が進みつつあることから，クラウドの利用へとコンピューターの利用形態が変化しつつあるといえる。

6.2　ネットワーク上のコンピューターの利用形態

それでは次に，ネットワークに接続されたコンピューターの利用形態について考えよう。

6.2.1　ユーティリティーコンピューティング

ユーティリティーコンピューティング（utility computing）は，クラウドにある計算機資源を必要なときに必要なだけ利用できるコンピューターの利用形態である。電気や水道，ガスなど，私たちが生活する上で不可欠なライフラインは，使ったら使った分だけ従量制で使用料を支払う。そして，電気や水，ガスはどこで作られたかは考える必要はない。同様に，クラウド上の計算機資源を，必要なときに必要な期間だけ利用できる仕組みやサービスを提供する利用形態がユーティリティーコンピューティングである。

コンピューターの**仮想化技術**（virtualization technology）により実現され，サーバーを一時的に構築する場合などに必要とする期間だけ利用する。使った分だけの料金を支払う従量制である。仮想化技術により構築されるサーバーのハードウエアは，プロセッサーの性能や記憶装置の容量などの計算機資源を自由自在に選択できる。利用を開始してからも，機能強化を行う**スケールアップ**（scale up）や，機能縮小を行う**スケール**

ダウン（scale down）が可能である。サーバー台数を増加させる**スケールアウト**（scale out）や，減少させる**スケールイン**（scale in）も可能である。仮想化技術は，第 12 章で学ぶ。

6.2.2 グリッドコンピューティング

グリッドコンピューティング（grid computing）は，ネットワークに接続された計算機資源を取りまとめて利用する形態である。背景には，クライアントとなるコンピューターの性能向上や，ネットワークの高速化，多数のコンピューターを接続するソフトウエア技術の発達などがある。

グリッドは，電気の送電網（power grid）に由来する。コンセントにプラグを挿すと利用できる電気は，利用する上で，水力や火力のような発電の方法や，作られた発電所の場所や送電経路を考慮する必要はない。ネットワーク上で提供されるサービスも，どこにあるかは気にすることはなく，必要なときに手に入ればよい。サーバーが単独で構成されているかや，複数に分けられているかは気にする必要はないという考え方に基づいている。つまり，複数のコンピューターを組み合わせて，仮想的に 1 台のコンピューターを作り出すことである。

ネットワーク上に接続されたコンピューターは，第 2 章で見た図 2.1 で考えると，LAN や MAN，WAN のさまざまな場所に存在する。これらのコンピューターに，ネットワークに資源を提供する**ミドルウエア**（MW：MiddleWare）と呼ばれるソフトウエアを導入し，取りまとめて 1 つの資源として提供するコンピューターを設置する。図 6.5 に示すように，グリッドの利用者は資源を取りまとめるコンピューターへのアクセスによって，ネットワーク上に分散した資源の利用を行う。

ミドルウエアは，アプリケーションや OS の中間に位置するソフトウエアである。ネットワーク上に存在するコンピューターは，ハードウエア

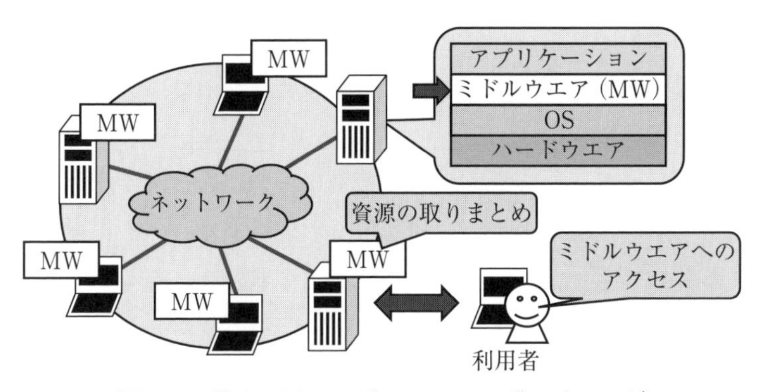

図 6.5　グリッドコンピューティングのイメージ

が異なることはもちろんのこと，Windows（ウィンドウズ）や MacOS（マックオーエス），Linux（リナックス）など異なる OS が混在している。ミドルウエアによって OS やハードウエアの違いを吸収し，個々のコンピューターから提供される情報を統一的に扱えるようにする。

グリッドで提供される資源について，利用形態に注目して考えよう。デスクトップグリッド，アクセスグリッド，データグリッド，センサーグリッド，サーバーグリッド，メタコンピューティングについて見る。

デスクトップグリッド（desktop grid）は，ネットワーク上に接続された**計算機資源**を取りまとめて分散処理などに利用する形態である。昼休みなどの休憩中，電源を入れた状態ではあるが，処理を行っていない状態の PC を活用する例がある。PC にインストールされたミドルウエアにより，グリッドの1つとしてネットワークから指示を受け，与えられた処理を行った後，その結果を束ねるコンピューターに返す。グリッドを担う PC が多数あれば，スーパーコンピューターに匹敵する性能も実現できる。

アクセスグリッド（access grid）は，遠隔地にいる利用者どうしをつなぐ環境の提供である。テレビ会議システムを用いた双方向に議論できる環境の提供や，アプリケーションの画面共有などで，共同作業を行う仮想空間を実現する。

データグリッド（data grid）は，複数に分散したデータをネットワークを用いて1つに取りまとめて利用する形態である。データを蓄積し，管理する複数のデータベース（database）を取りまとめる。それぞれのデータベースは，格納形式やデータを検索する方法が異なることが多いが，違いを吸収して仮想的に1つのデータベースを構築し，同じように取り扱うことを実現する。

センサーグリッド（sensor grid）は，離れた場所に置いたセンサーをネットワークで結んで利用する形態である。それぞれのセンサーで得られたデータを共有して解析するために用いられる。データの共有は，データグリッドとして考えることもできる。気象観測や農作物の生育状態の監視や解析を行う農業グリッドの例がある。

サーバーグリッド（server grid）は，デスクトップグリッドのサーバー版である。サーバーの余剰資源を共有し，最適な条件でサーバー利用を可能にする。

メタコンピューティング（meta computing）は，ネットワークに接続された複数のスーパーコンピューターを組み合わせ，1台では対応が難しい複雑な計算を実現する形態である。同じプログラムを並列処理させる利用と，異なる**パラメーター**（parameter）で同じプログラムを実行する利用がある。ここで，パラメーターは，プログラムの挙動を変化させるデータなどをいう。

6.2.3　ユビキタスコンピューティング

コンピューターの小型化により，日常生活の中にコンピューターが埋め込まれて利用される**ユビキタスコンピューティング**（ubiquitous computing）について考えよう。浸透するという意味を持つパーベイシブという言葉を使い，**パーベイシブ・コンピューティング**（pervasive computing）ともいう。**モノのインターネット**（**IoT**：Internet of Things）につながる概念である。

1990年代初頭，米国ゼロックス社のパロアルト研究所に所属するMark Weiserによって提唱されたといわれている。「神はあまねく存在する」という，ラテン語の宗教用語である**ユビキタス**（ubiquitous）になぞらえている。

私たちが生活する場にコンピューターを埋め込み，利用者が意識しなくても，存在する場所に最適な情報サービスが提供される環境の構築を目指している。4.2.3で見た，センサー情報や，利用者が行う行動などから**コンテキストアウェアネス**（context awareness）の分析を行い，情報サービスの提供を行う。図6.6のように，ネットワーク機能を持った生活家電であるスマート家電や自動車など，さまざまな機器に搭載されるコンピューターをネットワークで連携させて利用する。

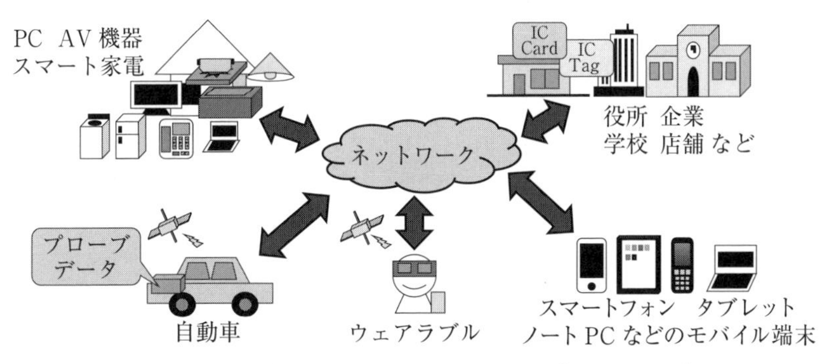

図6.6　ユビキタスコンピューティングのイメージ

コンテキストアウェアネスは，状況認識のことをいい，状況を表すコンテキスト（context）と，意識や認識を表すアウェアネス（awareness）を合わせた言葉である。日常生活の中に埋め込まれたコンピューターは，置かれた場所や状況を認識し，適する情報サービスを提供する。このとき，利用者の年齢や趣味，好み，天候なども考慮しながら情報を提示する。

用いられる端末は，持ち運びできるモバイル端末をはじめ，PC，AV機器，私たちの生活を支援する生活家電やプローブデータを収集する自動車など多岐にわたる。店舗のポイントカードや電子マネー，学校の出席確認などで用いられるICカードやICタグ，温度や湿度，光，音，地磁気，加速度，方位，位置などを調べるセンサー，**スマートウオッチ**（smart watch）と呼ばれる腕時計型のように身につける端末や，活動量計，血圧計，体重計といったヘルスケア（health care）端末もある。

ユビキタスコンピューティングは，ノートPCやモバイル端末など，持ち運びできるコンピューターを外出先で利用する**モバイルコンピューティング**（mobile computing）や，ウェアラブル端末などと呼ばれる身につけることができるコンピューターを用いた利用形態である**ウェアラブルコンピューティング**（wearable computing）とも密接なつながりがある。

ウェアラブルコンピューティングは，頭部，腕，腰，背中などに小型コンピューターを装着して利用する。ヘッドマウントディスプレー（HMD（エイチエムディー）：Head Mounted Display）や，めがね型の端末などを使って情報を確認する。ウェアラブルコンピューティングのコンピューターの要件は，(1) いつも利用できる定常性があり，(2) 人間の能力や感覚を拡張でき，(3) コンピューターにより利用者が包まれ，外界との情報の調停を行うことである。不要な情報を遮断する情報フィルターや，重要な情報を出さないプライバシー保護機能などの提供も求められる。

演習問題 6

【1】オフラインとオンラインの状態におけるコンピューターの利用方法の違いについて説明しなさい。また，オフラインとオンラインを切り替える利用から，常時接続に変化することでコンピューターの利用方法はどのように変化するか考えなさい。
【2】集中処理と分散処理の利点と欠点についてそれぞれ説明しなさい。
【3】インターネットは，分散処理から集中処理に回帰しつつある理由を説明しなさい。
【4】グリッドコンピューティングで使われるミドルウエアとは何か説明しなさい。
【5】ユビキタスコンピューティング実現に必要となる技術について考えてみよう。

参考文献

アンドリュー・S・タネンバウム，デイビッド・J・ウエザロール（著），水野忠則，相田 仁，東野輝夫ほか（訳）：コンピュータネットワーク 第5版，日経BP社（2013）.
加藤英雄：決定版クラウドコンピューティング―サーバは雲のかなた，共立出版（2011）.
ドリームテックソフトウェアチーム（著），竹田寛郁（監修），ジンジャーウェーブ・インコーポレーテッド（訳）：P2Pアプリケーションデベロップメント，秀和システム（2003）.
溝口文雄：グリッドコンピューティング―情報処理の新しい基盤技術，岩波書店（2005）.
合田憲人，関口智嗣：グリッド技術入門―インターネット上の新しい計算・データサービス，コロナ社（2008）.
NRIセキュアテクノロジーズ（編）：クラウド時代の情報セキュリティ，日経BP社（2010）.
坂村 健（編）：ユビキタスでつくる情報社会基盤，東京大学出版会（2006）.
北原義典：イラストで学ぶ ヒューマンインタフェース，講談社（2011）.

7 有線ネットワーク

《**目標＆ポイント**》 有線ネットワークの構築と運用に関する基本となる知識について学ぶ。パケットを中継するネットワーク機器であるリピーターやブリッジ，ルーターについて学んだ後，構築されたネットワークの通信で作成される通信路について，端末間の通信や，端末のネットワークへの接続，WANとの通信の場合について考える。そして，通信路と伝送路や，コンピューターの利用と通信速度，LANケーブルや有線LANの規格について考える。
《**キーワード**》 有線LAN，ネットワーク機器，通信路，伝送路，通信速度

7.1 ネットワークを構成する機器

ネットワークの構築というと，何を思い浮かべるだろうか。ルーターやハブといったネットワーク機器，LANケーブルなどを用いて構成される有線ネットワークについて，これまで学んできたことを踏まえて考えよう。

7.1.1 パケットを中継する機器

ネットワークの通信はパケット通信により行われることを2.3.1で見た。ハブやルーターといったパケットを中継する**パケット交換機**（packet switch）を使って通信が行われる。パケット交換機は，第3章の3.2.1で見た，OSI参照モデルの第1層，第2層，第3層を処理する機器である。図7.1を見ながら，TCP/IPにおいてパケットを中継する**ネットワーク機器**（network equipment）について考えよう。

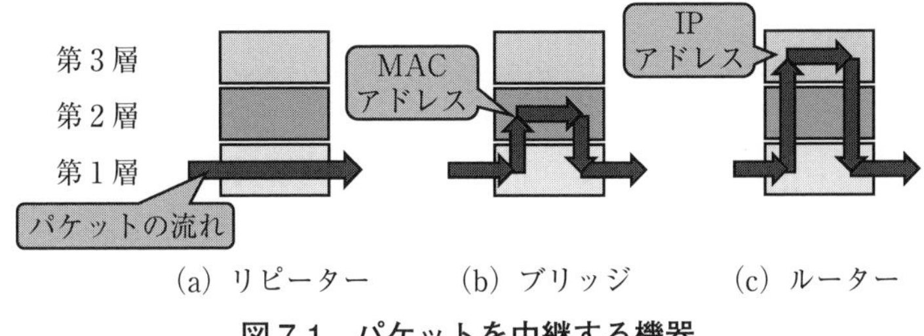

図 7.1　パケットを中継する機器

第1層 物理層の中継は，(a) **リピーター**(repeater) が担当する。**フレーム**やパケットを理解せず，流れる信号全てを素通りさせる中継器であり，LAN ケーブルを流れる信号の増幅のみを行う。信号の減衰をカバーできるため，通信路の延長ができる。LAN ケーブルを接続できる複数の**ポート**（port）を持った**ダムハブ**（dumb hub）と呼ばれる装置が該当する。複数のリピーターを束ねた構成になっているため，**リピーターハブ**（repeater hub）ともいう。全てのポートに同じ信号を流す装置である。現在では，次に説明するスイッチングハブに置き換わり，ダムハブが用いられることはほとんどない。なお，ここでのポートは，第5章で説明したポートとは異なり，LAN ケーブルを接続するインターフェースをいう。

第2層 データリンク層の中継は，(b) **ブリッジ**（bridge）により行われる。データリンク層を確認できる装置が組み込まれているため，パケットが**カプセル化**（encapsulation）されたフレームが理解できる。受信したフレームに含まれる宛先の **MAC**（マック） **アドレス**（Media Access Control Address）を調べ，届けたいコンピューターが接続されているポートのみにフレームを送信する。現在のネットワーク構築に用いられることが多い**スイッチングハブ**（switching hub）の動作である。OSI 参照モデルの第2層を対象とした処理を行うため，**レイヤー2**（ツー）**スイッチ**（layer 2 switch）や **L2**（エルツー）

スイッチともいう。単に**スイッチ**（switch）ということもある。3.1.2で学んだ全二重通信にも対応する機器もある。複数存在するポートは，複数のブリッジを束ねた構成になっており，4.1.1で学んだ**ASIC**（エーシック）により構築されていることが多い。

第3層 ネットワーク層の中継は，(c) **ルーター**(router) を用いる。ネットワーク層を確認できる装置であり，フレームの**非カプセル化**（non-encapsulated）を行い，パケットを理解する。受信したパケットに含まれる宛先の**IPアドレス**を調べ，適切なネットワークにパケットを転送する経路制御機能を持つ。

ルーターは2つ以上の異なるネットワークに接続できるポートを持ち，IPアドレスから含まれるネットワークを把握し，ルーターが持つ**ルーティングテーブル**（routing table，経路表）に基づいてパケット転送に適切なネットワークを選ぶ。パケットの転送先ネットワークを決めることを**経路制御**という。また，インターネットで用いられているIPパケットを，別の経路に転送することをIPフォワーディング（IP forwarding）という。パケットが高速に中継できるように，パケット転送のために用いられるルーティングテーブルは，通信の経路を構成する各ルーターによって構成される。

7.1.2　ネットワークとセグメント

次に，パケットを中継する機器が構成するネットワークについて図7.2を見ながら考えよう。

リピーターに接続された端末からネットワークに出されたフレームは，図7.2(a)のように，接続された全ての端末に送信される。それぞれの端末は，ネットワークに流れるフレームを監視し，宛先が自分宛てであれば受け取り，異なれば破棄することで対応する。このように，端末から

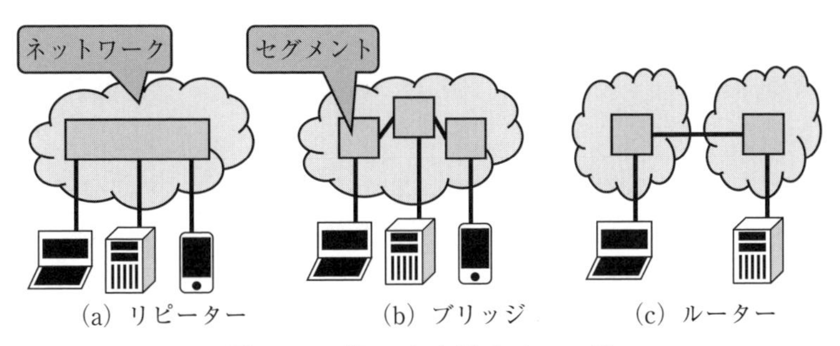

図7.2　パケット中継のイメージ

ネットワークに出されたフレームが無条件に受信できる範囲を**セグメント**（segment）という。セグメントの中では，通信を行う端末どうしが基本的に1：1でパケットのやりとりを行うため，通信を行う端末以外は待機状態となる。セグメントの中に端末が増えるとネットワークの利用効率が悪くなるため，1つのネットワークをいくつかのセグメントに分割して用いることが多い。

リピーターを使ってネットワークを構築すると，1つのセグメントに多数の端末を接続することができる。複数の端末からほぼ同時にフレームがネットワークに出されることをフレームの**衝突**（collision）という。衝突が発生したときのフレームは失われる。このため，**イーサネット**では**CSMA/CD**（シーエスエムエーシーディー）（Carrier Sense Multiple Access with Collision Detection）方式による3つの手順を使って対応する。

(1) 通信をする前に，CS（Carrier Sense）によって，通信路を他の端末が利用していないか確認する。

(2) 通信を行う端末に優先順位はなく，通信路が空いている場合は全ての端末がいつでも通信する権利を持つMA（Multiple Access）である。

(3) CD（Collision Detection）によって衝突を検出した場合は，送信を途中でやめ，ランダムな待ち時間をおいて再送処理を行う。衝突がない場合は，送信終了後の待ち時間の後，次の端末がデータ送信を行う。

端末の数が多く存在する大きなセグメントでは，通信量が増えるに伴いフレームの衝突が頻繁に発生することになる。また，動画などの大きなデータを取り扱う場合，通信を行う端末どうしが通信路を占有する時間が多くなり，接続される端末の台数が少なくても衝突発生が頻繁になる。衝突発生が頻繁になると通信速度の低下を招くため，有線ネットワークの構築では，端末の台数を減らすためにセグメントを細かく分割するようになった。

セグメントの分割は，スイッチングハブを用いて行う。スイッチングハブは，流されるフレームの宛先に含まれるMACアドレスを調べ，通信相手のコンピューターが接続されているポートに転送する。つまり，スイッチングハブがフレーム転送の交通整理を行い，図7.2(b)のように，それぞれの接続ポートにセグメントが作成される。不要なデータ送信が抑制され，フレームの衝突を回避できる。動画などの大きなデータを取り扱う場合でも，通信を行う端末どうしの通信路のみ通信量が増えるが，他のセグメントへの影響は少ない。

ルーターは，図7.2(c)のように，用いられるIPアドレスが異なるネットワークどうしを接続する。WANとLANのネットワークを結ぶなどの用途である。ネットワーク構築を担当し，パケットが届いたときに宛先のIPアドレスを調べ，担当以外のネットワーク宛てであれば目的のコンピューターに近いと思われるルーターに転送を依頼する。ネットワーク内でやりとりされているフレームから目的のデータが含まれるパケットを取り出す**非カプセル化**を行い，目的のコンピューターに近いと思われるネットワークにパケットを転送する。転送先のネットワークでは**カプセル化**を行い，フレームにパケットを取り込んでネットワークにより運ばれる。これを繰り返しながら目的のコンピューターにパケットがたどり着く。

7.2　有線LANの構築

それでは次に，有線ネットワークについて考えよう。

7.2.1　ルーターとLANの構築

家庭や仕事場などで構築される**LAN**は，パケット通信により通信していることをこれまで見てきた。パケットそのものが流れている様子を捉えることは難しいため，考える上では，3.2.2で学んだように，論理的な通信路が構築されたものとして考える。2.1.2で見た，1本の道が作られてWAN，MAN，LANの間で通信が行われることと同様である。

LANの構築ではルーターが用いられる。家庭で用いられるルーターは，図7.3のように，1個のWANと複数個のLANへの接続ポートを持つものが多い。ルーター内部を考えると，ルーター機能を実現する**SoC**（System on a Chip）を用いて構築されている。SoCはWANとLANの

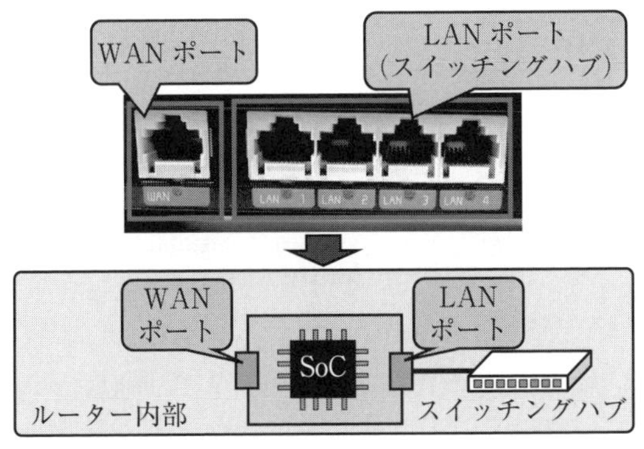

図7.3　ルーターの接続ポートと仕組み

ポートを持ち，図 7.3 のルーターを例に考えると，LAN に 4 ポートのスイッチングハブが接続されている。ルーターを利用すると，LAN を新しく構築できる。ルーターが管理する IP アドレスを用いたネットワークが作成されるためである。ルーターの WAN ポートにインターネット回線を接続することで，LAN ポート側のネットワークに接続された端末からインターネットへの通信が実現する。

7.2.2　端末間の通信路

LAN の構築では，ネットワーク機器の選択やケーブルの接続は利用者自ら行う。効率的に通信を行うには，ネットワーク上で作成される論理的な通信路を意識した構築が望ましい。図 7.4 の LAN を見ながら通信路について考えよう。スイッチングハブ（SW1，2，3）とルーターにより LAN が構築され，端末 A，B，C，プリンター，ネットワーク上でファイルを蓄積して共有を可能にする **NAS**（ナス）（Network Attached Storage）が接続されている。WAN 側のインターネットとは，ルーターによって接続

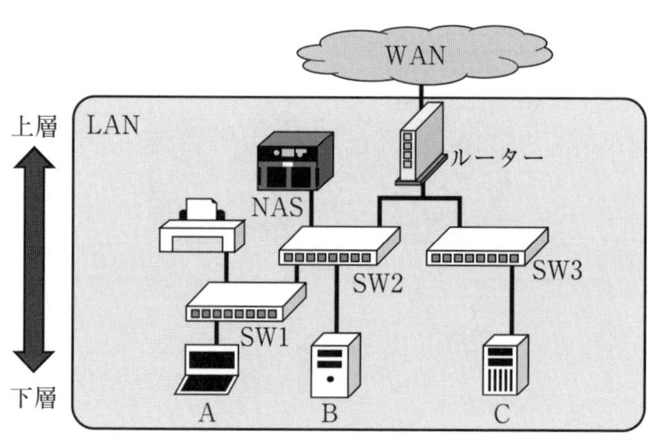

図 7.4　LAN の例

されている。

端末A，B，Cがお互いに通信する場合の通信路の経路を考えると，次のようになる。

【A → B】A → SW1 → SW2 → B

【A → C】A → SW1 → SW2 → ルーター → SW3 → C

【B → C】B → SW2 → ルーター → SW3 → C

通信路の経路は，LANケーブルの長さとは関係なく，スイッチングハブなどのネットワーク中継機器を経過する数で決まる。【A→B】が最も短く，【A→C】が最も長い。

7.2.3　端末の接続と通信路

通信路は，端末をネットワーク接続するシミュレーションに用いることができる。ネットワークへのサーバー設置を例に考えてみよう。サーバーは，6.1.2で学んだように，データを管理し，クライアントから依頼を受けて機能を提供するコンピューターである。サーバーは利用したいサービスに対応して構築されるため，ネットワークでいくつかのサービスが提供されていると，複数のサーバーが存在することもある。

頻繁に利用されるサーバーは，利用される端末と最短の経路で接続できる位置への設置が望ましい。最も理想的な接続位置は，サーバーが接続されたスイッチングハブである。しかし，ネットワーク規模が大きくなり，接続される端末の数が多くなった場合や，サーバーを設置する位置などによって難しい場合がある。このとき，サーバーとの経路を考えながら通信する機会が多い端末との通信路を短くするように努める。

例えば図7.4で，A，B，Cから同じ頻度で利用されるサーバーであれば，Bが接続されたSW2が適する。AとCからも最短の経路で接続できるためである。B，Cから同じ頻度で利用されるサーバーであれば，ルーターの位置へのサーバー接続が適する。

次に，プリンターが接続された位置について考えよう。A は同じ SW1 で接続されているが，C からは最も遠いなど，通信路としては最適な位置とはいえない。しかしながら，プリンターは使用頻度は低く，コンピューターの処理速度よりも低速で処理されるために他の通信への影響はほとんどなく，最適な通信路よりも設置場所など利便性を優先した設置でもネットワークへの負荷は少ない。一方で，端末間でファイルを共有する NAS は，**アプリケーション**を利用する際にアクセスが頻繁に行われることが予想されるため，利用する端末からできるだけ近い位置がよい。このため全端末から最短の距離に置かれている SW2 に接続されることが適しているといえる。

7.2.4　端末から WAN への通信路

次に，図 7.4 を例に，WAN と通信する場合の論理的な通信路の経路を考えよう。次のようになる。

【A → WAN】A → SW1 → SW2 → ルーター → WAN

【B → WAN】B → SW2 → ルーター → WAN

【C → WAN】C → SW3 → ルーター → WAN

最も短いのは【B→WAN】【C→WAN】であり，長いのは【A→WAN】である。WAN との通信を頻繁に行う端末は，ネットワーク内の端末よりも WAN への通信に最適な通信路にした方がよい。WAN への利用を重視したネットワーク構築では，全てのスイッチングハブから WAN に行く通信路を構成する機器の数を同じ程度にする。図 7.4 のネットワークでは，各端末から 2 つまたは 3 つの機器を経由して WAN に接続が行われるため，WAN への接続に適したネットワークと考えることができる。

7.2.5　端末増加への対応

スイッチングハブの変更で適切な端末増加への対応を行うこともある。多くの端末を接続するとき，5ポートのハブを用いるよりも，8ポートや16ポートなど，数が多いハブを用いることで，端末どうしを最短に接続できる台数を増やすことができる。例えば，SW2を8ポートから16ポートに増やすと，接続できる台数を増やし，適する位置に端末を設置できる機会が増える。

通信速度の向上を目的としてスイッチングハブを変更することもある。今よりも高速の通信を実現する規格が登場したとき，どこの位置にあるスイッチングハブを交換すると，全体的に通信速度が向上するだろうか。基本的にはバックボーンとなる上層にあるスイッチングハブである。図7.4では，多くの機器やNASが接続されるSW2である。一方で，SW1，3のように，ネットワークの下層にあるスイッチングハブは，ネットワーク全体への影響は少なく，影響は限定的と捉えることができる。

7.3　有線LANと通信路

次に，有線ネットワークの構築について考えよう。伝送路や通信路容量を学んだ後に，有線ネットワーク構築で必要となるLANケーブルや通信規格について説明する。

7.3.1　伝送路と通信路容量

これまで，論理的な通信路というネットワーク上に1本の道が作られて通信される流れを考えてきた。通信路を構成するスイッチングハブや端末とスイッチングハブを結ぶLANケーブルは，1000Base-Tや100Base-TXといった規格に基づいてビット列を伝送している。例えば，1000Base-Tは1000Mbit/秒（メガビット毎秒），100Base-TXは100Mbit/秒のビット列が送受信できる。

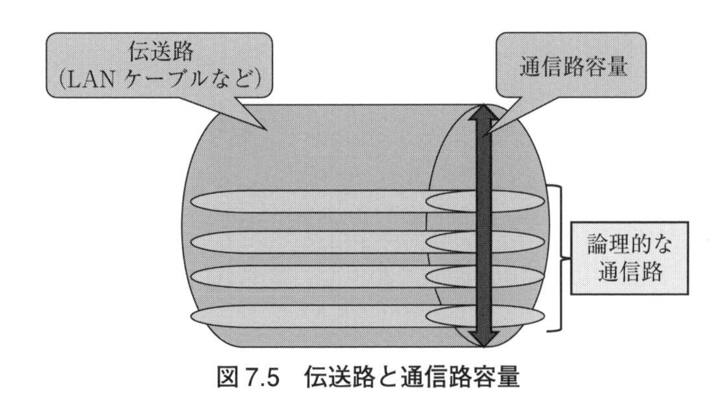

図 7.5　伝送路と通信路容量

LAN ケーブルなど情報を伝える媒体を**伝送路**（channel）という。

伝送路である LAN ケーブルを流れる論理的な通信路（以下，通信路と表記）について，図 7.5 を見ながら考えよう。伝送路は，伝送できる情報の最大量を表す**通信路容量**がある。先ほど見たように，1000Base-T で通信をした場合は 1000Mbit/秒であり，通信路の数は通信路容量を限度として作成できる。

ネットワークに存在する通信路は，通信が行われると作成され，通信が完了すると消失する。存在する通信路全てを合計したものが通信路容量である。通信路容量は伝送路で一定であるため，通信路が多く作成されると，それぞれの通信路の通信速度は低下することになる。

7.3.2　コンピューターの利用と通信速度

コンピューターの利用と通信速度について考えよう。ネットワークは，コンピューターで取り扱うデータや，作成される通信路やスイッチングハブの配置，用いられる通信規格を考慮しながら構築される。

メールやワープロなどのテキストを中心とする利用では，扱うデータサイズが小さく，通信は短時間で完了するため，通信路容量の影響を受けることは少ない。

一方，動画や音楽などのマルチメディアデータのように，大きなデータを取り扱うと，データ転送が完了するまで通信路がネットワークに作成されたままになる。通信が完了するまで通信路容量の一部を占有するため，他の通信に影響を与えることになる。大きなサイズのデータを取り扱う場合，通信を行う範囲は，高速の通信規格に対応した機器を用いることが望ましい。

ファイルやデータを頻繁にやりとりするNASなどのサーバーを接続するネットワークも同様である。サーバーに近い通信路になるほど，通信を行う端末との通信路が多数存在する。サーバーを接続する付近の通信路の通信路容量は余裕を持たせることが望ましいため，高速の通信規格に対応した機器が選択されることが多い。

次に，図7.4のネットワークを構成するスイッチングハブに注目してみよう。ルーター側に近いスイッチングハブは，LANの通信を取りまとめる役割を担う。つまり，2.3.3で見た，**バックボーンネットワーク**の役割を担う。ネットワークのWANから離れた下層からの情報を取りまとめる。ルーターに内蔵されたスイッチングハブや，SW2，SW3などが該当する。下層から上層に向かって通信路が多数作成されるため，上層に位置するスイッチングハブは下層よりも高速の通信規格に準拠した機器を選択することが望ましい。

7.3.3　LANケーブル

次に，有線ネットワークを構築する際に用いられる**LANケーブル**（LAN cable）について考えよう。有線ネットワークは，**イーサネット**と呼ばれる規格が用いられているため，**イーサネットケーブル**（ethernet cable）ともいう。また，ケーブルは，2本の銅線をねじり合わせて1ペアとし，

4ペアの線を束ねていることから，より対線や，**ツイストペアケーブル**（twisted pair cable），**UTP**（ユーティーピー）**ケーブル**（Unshielded Twisted Pair cable）とも呼ばれる。

LANケーブルは，単線とより線の2種類がある。**単線**（solid wire）は，1本の太い銅線を8本使って構成されたケーブルである。折り曲げしにくいが，ノイズ耐性がより線よりも高く，長距離（20m以上）の伝送に向くという特徴がある。一方，**より線**（stranded wire）は，細い複数の銅線をより合わせて作られた8本で構成されたケーブルである。ケーブルが柔らかく取り回ししやすい。どちらがよいというわけではなく，利用する場所や用途に応じて使い分けることが肝要である。

LANケーブルは，もともと電話線で用いられていたケーブルをデータ通信に適用したものである。LANケーブルは規格によって作成されており，表7.1に示すように，**カテゴリー**（category）という区分けがある。数字が大きくなるほど，つまり，下に位置するほど後に定義された規格である。

表7.1　LANケーブルの種類

カテゴリー	用途	最大周波数
Cat1	音声通信	規定なし
Cat2	ISDN，低速データ通信	1MHz
Cat3	10Base-T	16MHz
Cat4	10Base-T	20MHz
Cat5	100Base-TX	100MHz
Cat5E	1000Base-T，2.5GBase-T	100MHz
Cat6	1000Base-TX，5GBase-T	250MHz
Cat6A	10GBase-T	500MHz
Cat7	10GBase-T	600MHz
Cat7A	CATVなど	1000MHz
Cat8	25G/40GBase-T	2000MHz

イーサネットは，カテゴリー3～8のケーブルに対応しており，現在はCat5E[1]以降が用いられている。後に定義されたLANケーブルは，それより前に定義された用途にも対応する**上位互換性**（upper compatible）を持つ。高速通信を実現した新しい規格ほど，ケーブルに流される電気信号で用いられる周波数の上限が高くなる。このため，新しい規格ほど対応する最大周波数が高いことが多い。ケーブル選定は安定した通信のために重要であるが，用いる通信規格に求められる品質以上のものを使う必要はない。品質やコストを考慮しながら選定することが重要である。家庭や会社で用いられることが多い100Base-TXや1000Base-Tでは，Cat5E，Cat6の利用が多い。

Enhanced Cat5（Cat5E）は，Cat5[2]をenhanced，つまり，拡張した規格である。最大周波数は変わらないが，ケーブルから発生するノイズの影響を抑える遠端漏話の規定が加えられ，ペアとなる銅線のねじりピッチを小さくするなどの工夫により，Cat5よりも性能が向上している。

Cat6[3]以降では，より確実な通信を実現するため，ケーブルの中でペアとなる線の配置を確実とする十字介在（separator）と呼ばれる仕切りが入れられている。Augmented Cat6（Cat6A）は，Cat6をAugmented，つまり，増大，増強したものであり，ノイズ低減を目的としてねじり方をらせん状にするなどの工夫により最大周波数が強化され，10GBase-Tに対応する。

Cat7以降では，ノイズ対策を目的として，ペアの線とケーブル全体が金属（シールド）で覆われている。Cat7Aは，Augmented Category 7を表す。Cat6とCat6Aの関係と同様，Cat7を増大，増強しており，**CATV**（Community Antenna TeleVision，最大周波数864MHz）などの用途にも対応する。

Cat8[4]は，高周波となる2000MHzまでの帯域伝送に対応する。高速の

1）Enhanced Category 5の省略形。「エンハンスト カテゴリー ファイブ」と読む。
2）Category 5の省略形。「カテゴリー ファイブ」と読む。
3）Category 6の省略形。「カテゴリー シックス」と読む。
4）Category 8の省略形。「カテゴリー エイト」と読む。

伝送速度となることからエラーを防ぐ2重シールド構造となっており，複数ケーブルを束ねて使用しても安定したデータ転送の実現を目指している。より線のピッチ精度も高く，電磁波の遮蔽効果も高いケーブルとなっている。

LANケーブルに使われるコネクターは，ISOによって標準化されたRJ-45[5]がCat6AまでとCat8で用いられている。Cat7やCat7Aで用いられるコネクターは，RJ-45のケーブルも売られているが，TERAまたはGG45である。RJ-45の結線方法は，米国規格協会（ANSI）が定めたTIA/EIA-568A[6]，TIA/EIA-568B[7]の2種類が規定されている。両端を同じ規格で結ぶと，コンピューターとハブを結ぶために用いる**ストレートケーブル**（straight cable），異なった規格で結ぶとコンピューターどうしの接続で用いる**クロスケーブル**（cross cable）となる。クロスケーブルは，**リバースケーブル**（reverse cable）ともいう。

7.3.4 有線LANの規格

家庭内LANや社内LANなどの有線LANは，**イーサネット**を使って構築される。用いられる規格を表7.2に示す。下に位置する規格ほど新しい規格であり，**伝送速度**（transfer rate）が速くなっている。伝送速度が速くなっても，伝送路を流れる信号そのものの速さは一定であり，短時間で多くのデータを送信することが実現されている。本書では詳細に触れないが，3.2.3で学んだOSI参照モデル，第1層物理層におけるビット列の伝送方法である伝送符号による影響である。

2.5GBase-T以降の規格は，誤り訂正能力が高いLDPC（Low Density Parity Check）を用いて高効率なデータ転送を実現する10GBase-Tをもとに規格化されているため，伝送符号は同じであるが，処理を行うクロックレートが異なるため最大伝送速度が異なる。

---

5)「アールジェイよんじゅうご」と読む。
6)「ティーアイエイ イーアイエイ ごーろくはちエー」と読む。
7)「ティーアイエイ イーアイエイ ごーろくはちビー」と読む。

表7.2　イーサネットの種類

規格	最大伝送速度	伝送符号	ケーブル（最大長）
10Base-T（IEEE802.3an）（Ethernet）	10Mbps	2値マンチェスター（1B/2B）	Cat3以降（100m）
100Base-TX（IEEE802.3u）（Fast Ethernet）	100Mbps	3値（MLT-3）4B/5B	Cat5以降（100m）
1000Base-T（IEEE802.3ab）（Giga Ethernet）	1 Gbps	5値（4D-PAM5）8B1Q4	Cat5E以降（100m）
2.5GBase-T（IEEE802.3bz）（Multi Gigabit Ethernet）	2.5Gbps	16値（PAM16）64B/65B	Cat5E以降（100m）
5GBase-T（IEEE802.3bz）（Multi Gigabit Ethernet）	5 Gbps	16値（PAM16）64B/65B	Cat6以降（100m）
10GBase-T（IEEE802.3an）（10Gigabit Ethernet）	10Gbps	16値（PAM16）64B/65B	Cat6（55m）Cat6A以降（100m）
25GBase-T（IEEE802.3bq）（25Gigabit Ethernet）	25Gbps	16値（PAM16）64B/65B	Cat8以降（30m）
40GBase-T（IEEE 802.3bq）（40Gigabit Ethernet）	40Gbps	16値（PAM16）64B/65B	Cat8以降（30m）

10GBase-Tは200MHzであるが，2.5GBase-Tは50MHz，5GBase-T（ごギガベースティー）は100MHz，25GBase-T（にじゅうごギガベースティー）は500MHz，40GBase-T（よんじゅうギガベースティー）は800MHzである。クロックレートが高くなるほど信号周波数も高くなり，長距離の伝送は困難となる。

有線LANの高速化を進める上での条件や理由はいくつかある。条件としては，急速に有線LANの普及が進んだ際に敷設したケーブルは，Cat5EやCat6であることが多いことである。10GBase-Tへの移行はスイッチやNICの交換だけでなくCat6Aのケーブルへの移行が要求される。つまり，ケーブルの張り替えに伴う手間やコストが必須となることが考慮され，従来のケーブルを生かしながら高速化できるよう，

2.5G/5GBase-T という**マルチギガビットイーサネット**（multi-gigabit ethernet）と呼ばれる規格が提案された。

理由としては，8.3 で学ぶ無線 LAN の高速化が進んだことがある。例えば，11ac では最大伝送速度が 6.9 Gbps（ギガビーピーエス）であり，Wave 1 であっても 1.3Gbps と，1000Base-T の伝送速度を超えている。より高速伝送を求める機器では LAN ポート 2 つを 1 つの物理ポートとして取り扱い，1Gbps × 2 = 2Gbps の速度で通信可能にする**リンクアグリゲーション**（link aggregation）機能が提供されることもある。物理 NIC を束ねて用いる**チーミング**（teaming）と呼ばれる機能の一種である。しかしながら，2 本のケーブルを用意するコストや敷設の手間があることから，2.5G/5GBase-T が業務用途を中心に普及しつつある。ケーブルを増加させることなく，従来の Cat5E や Cat6 のケーブルを 1 本用いることで高速の無線 LAN に対応できるためである。さらには設置の利便性を考慮して，無線 LAN のアクセスポイントの接続では，LAN ケーブル 1 本で電源も供給しつつ無線 LAN のアクセスポイントをネットワークに接続できる，**PoE**（ピーオーイー）（Power over Ethernet，IEEE802.3at）に対応したスイッチとの組み合わせが用いられることも多い。

その他の導入理由としては，6.1.2 で学んだクラウドコンピューティングを実現する**データセンター**（data center）のための用途である。第 12 章で学ぶが，1 台のコンピューターの中に複数のコンピューターが動作するため，物理的にネットワークに接続する規格が 10GBase-T でも伝送速度が不足することもある。ケーブルの最大長が 30m であっても，データセンター内のサーバールームのラックにおける接続であれば許容範囲となるため，高速化を優先して導入が進められている。

イーサネットは，2.3.2 で学んだ**ベストエフォート**によるサービスであるため，示される値は最大伝送速度となる。なお，本書では伝送速度や

回線速度は，伝送路そのもののが一定時間に転送できるデータ量を表し，論理的な通信路が一定時間に転送できるデータ量は，**通信速度**や**転送速度**を用いて表す。

現在は，家庭や会社において100Base-TXや1000Base-Tを使った有線ネットワークが主流である。LANケーブルを流れるパケットの伝送速度は，端末に接続された**NIC**と，スイッチングハブやルーターとの接続で決まる。新しい規格は，古い規格による通信に対応する**上位互換性**（upper compatible）を持つことが多い。伝送速度よりも，ネットワークへの接続性が考慮されるためである。このため，100Base-TX対応のNICと1000Base-T対応のスイッチングハブを接続すると，古い規格である100Base-TXにて接続される。1000Base-T対応のスイッチングハブと100Base-TX対応のNICとの接続でも同じである。目的とする伝送速度を実現するには，NICをはじめとした通信で用いる機器が対応する規格に注目し，組み合わせで実現される伝送速度を把握することが重要である。

演習問題 7

【1】スイッチングハブとルーターの違いを説明しなさい。また，ネットワーク構築での使い分けについて説明しなさい。
【2】パケットとフレームの違いを説明しなさい。
【3】インターネットで提供されているサービスを利用する際に，サーバーが置かれている場所やどんなサーバーが使われているのかを意識せずに利用できる理由を考えよう。
【4】あなたが使っている有線ネットワークにおいて，使用しているコン

ピューターとルーターの間における通信路を確認しよう。

【5】ファイルサーバー（NAS）など，他のコンピューターと頻繁に通信を行う端末のネットワーク上の設置場所について考えよう。

【6】有線ネットワークにおいて，従来の資産を生かしながら高速化された規格に移行するには，どのようなことを考慮する必要があるのか考えよう。

【7】コンピューターに搭載されたNICと，接続先スイッチの対応規格が以下の組み合わせである場合，それぞれの通信で選択される通信規格を示しなさい。使用するケーブルはCat6とする。

No.	NIC	スイッチ
1	1000Base-T	1000Base-T
2	1000Base-T	100Base-TX
3	100Base-TX	1000Base-T
4	100Base-TX	100Base-TX

参考文献

Al Anderson, Ryan Benedetti（著），木下哲也（訳）：Head First ネットワーク―頭とからだで覚えるネットワークの基本，オライリー・ジャパン（2010）.

アンドリュー・S・タネンバウム，デイビッド・J・ウエザロール（著），水野忠則，相田 仁，東野輝夫ほか（訳）：コンピュータネットワーク 第5版，日経BP社（2013）.

三上信男：ネットワーク超入門講座 第3版，ソフトバンク クリエイティブ（2013）.

五十嵐順子：いちばんやさしいネットワークの本，技術評論社（2010）.

8 無線ネットワーク

《**目標＆ポイント**》 無線ネットワーク構築と運用の基本となる知識について学ぶ。電波と周波数や変調，電波の特性を説明し，無線LANで用いられる周波数帯やチャネルについて理解する。そして，インフラストラクチャーやアドホックといった無線通信の形態，構築のための機器などについて学ぶ。また，無線ルーターを構成する技術であるソフトウエア無線や，無線LANの規格，高速化のための技術について考える。
《**キーワード**》 電波，周波数，チャネル，無線LAN，ソフトウエア無線

8.1 無線通信

有線ネットワークに続き，電波を用いて通信を行う，利便性の高い無線ネットワークについて考えよう。

8.1.1 電波と周波数

無線は，英語でwirelessと書く。wireがless，つまり，ケーブルを使わずに通信を実現することである。とはいえ，何も使わないで通信はできないため，ケーブルの代わりとなるデータを伝える媒体が用いられる。第7章で学んだ有線LANでは，データを0と1に対応した電気信号に変換し，電気信号を伝える銅線であるLANケーブルを使ってデータを伝えていた。OSI参照モデル第1層を担当する0と1で構成されるビット列を伝える媒体である**伝送路**（channel）である。無線通信では，電波や光などを用いて伝送路を構築する。無線LANやBluetoothなどでは電波

が，赤外線リモコンなどでは赤外線が用いられる。第８章では，電波を使った無線通信について考えよう。

電波は，電磁波の一種であり，「見る」「聴く」「触れる」のどれもできない。正と負の電荷が引き合ったり，反発し合ったりすることで生まれる電界と，磁石や流れる電流の周りに発生する磁界が関係し合って生まれる振動である。波であると同時に，光の性質も持ち，光と同じ速さで伝わる。

空間に発射された電波は波であるため振動している。図 8.1 のように波として表現されることが多い。無線通信では，データを伝えるために，波の振動の振れ幅である**振幅**（amplitude）と周期的な長さである**波長**（wavelength）に注目する。**変調**（modulation）と呼ばれる，振幅や波長を変化させた電波の波を，０と１の符号に割り当てて通信を実現する。１秒間に繰り返す波の数のことを，**周波数**（frequency）という。単位は Hz（ヘルツ）である。

無線通信では，送信側と受信側が対となり，同じ周波数を用いることで伝送路が構築される。テレビ放送やラジオ放送，無線 LAN など，電波を送受信する装置で用いる周波数は決められている。通信で用いること

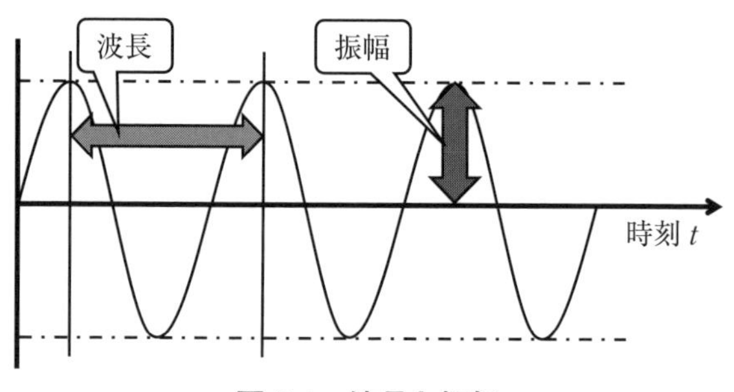

図 8.1　波長と振幅

ができる周波数の幅を，**周波数帯**（frequency band）という。

電波を使った通信では，混信を避けつつ近い場所で同種の装置による複数の通信が同時に行えるように，異なる周波数が選択できるようになっていることが多い。このため，用途別に用意される周波数帯の中には，**チャネル**（channel）と呼ばれる周波数帯を区分けした周波数が用意されることが多い。例えば，テレビのチャネルは，テレビ放送全体で用いる周波数帯の中にある，放送局ごとに割り当てられた異なる周波数帯である。チャネルによって，複数存在する放送局が同時に番組を放送することを可能にしている。ラジオも混信を避けるため，電波が届く範囲を考慮して，放送局によって異なる周波数帯（チャネル）を用いている。

チャネルのように，通信で用いられる周波数の幅を**帯域幅**（bandwidth）という。帯域，バンド幅，**周波数帯域**（frequency bandwidth）と呼ばれることもある。

8.1.2　電波の特性

電波は，発生源であるアンテナから送受信される。距離とともに弱くなる**減衰**（attenuation）という特徴がある。アンテナは，水平方向の全方位に対して同等の強度・感度を持つ無指向性アンテナと，特定方向に強度・感度がよい指向性アンテナがある。

アンテナから出される電波について，図8.2を見ながら考えよう。電波は光や音に似た性質を持ち，障害物に対して透過や反射，回り込みという特性を持つため，通信を行う装置の間に障害物が存在しても通信できることがある。透過は，ガラスや紙，木などの障害物があっても通り抜けることである。反射は，電波が伝わる先に壁などに含まれる金属やコンクリートなどによる障害物で発生する。複数の方向に乱反射することもあり，反射を繰り返すと電波は弱くなる。回り込みは，障害物をよ

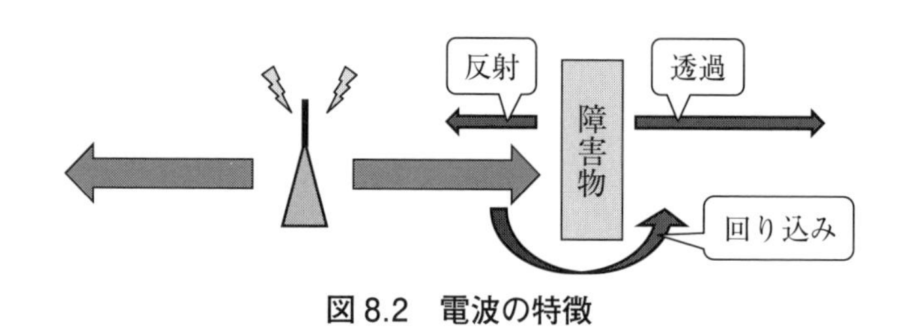

図 8.2　電波の特徴

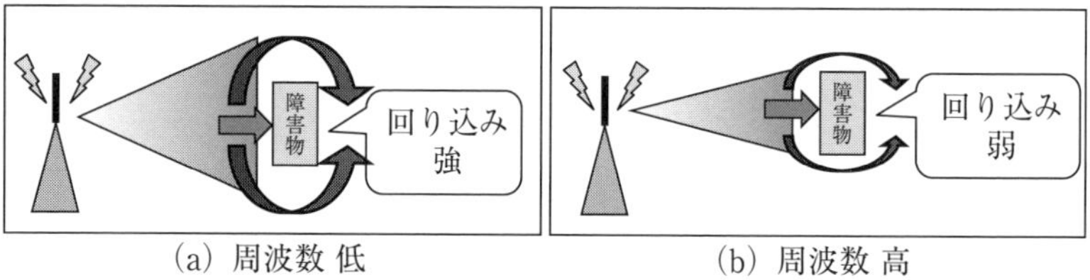

(a) 周波数 低　(b) 周波数 高

図 8.3　電波の直進性

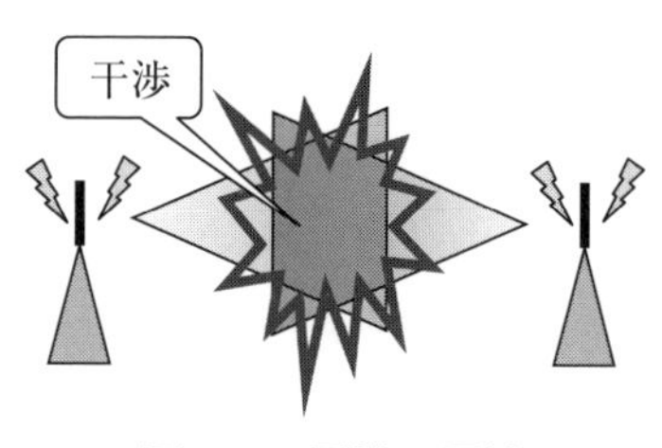

図 8.4　電波の干渉

けて障害物の裏側に届くことである。

周波数が高いほど光の性質が強く直進性が強くなり，伝送距離が短くなりがちである。図 8.3 のように，周波数が低いと裏側に回り込みやすいが，周波数が高いほど回り込みが弱くなり，障害物の影響を受けやすくなる。

電波は，さまざまな用途で用いられているため，他の場所で用いられている電波が飛んできて，干渉が発生することがある。通信速度の低下や切断など，通信が不安定になる。図 8.4 のように，複数の電波が混じり合い，目的の通信で使われる振幅や波長が読み取れない状態になるためである。7.1.2 で考えた有線ネットワークにおける，リピーターを使ってネットワークを構築した場合に発生するフレームの衝突に似ている。この場合，干渉が少ないチャネルに変更して対応することがある。

8.1.3 無線通信の形態

無線ネットワークについて，2.2.2 ではサービスエリアの距離に注目して考えた。ここでは，アクセスポイントに注目して利用形態を考えよう。

無線ネットワークは，PC やモバイル端末，ゲーム機，センサーなどが，相手と通信するために用いられる。図 8.5 にあるように，通信エリア内に置かれた端末の通信を取りまとめる，ネットワーク機器であるアクセスポイントを用いる (a) **アクセスポイント**（AP［エーピー］：Access Point）型と，アクセスポイントを使わず端末どうしが直接通信する (b) **アドホック**（ad hoc）型の 2 種類がある。アクセスポイントは，**基地局**（base station）

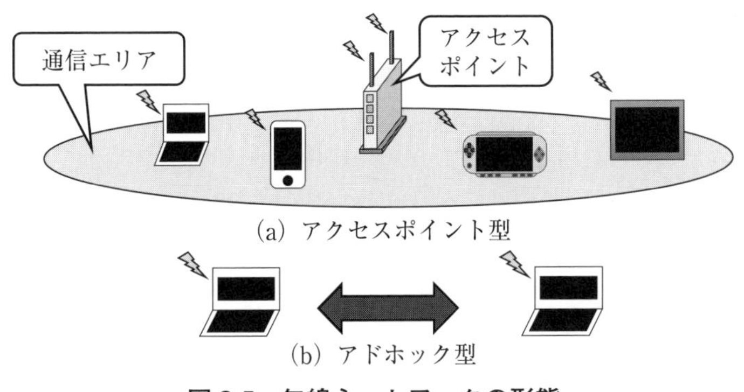

図 8.5 無線ネットワークの形態

とも呼ばれ，接続された有線ネットワークを介してWANなどより上層のネットワークに接続されることが多い。アドホック型は，モバイル端末やPCなどのコンピューターと，プリンターやヘッドセットといった**周辺機器**との間の接続や，センサーどうしを接続する**センサーネットワーク**（sensor network）に用いられることが多い。

8.2 無線LANの構築

無線ネットワークの例として，無線LANについて考えよう。

8.2.1 無線LAN構築のための機器

まず，アクセスポイントとなる無線ルーター（wireless router）について考えよう。

無線ルーターは，2.2.3でも見たように，アクセスポイントの周りにサービスエリアを構築し，無線LANに対応した端末を置くことでネットワーク利用を可能にする。アクセスポイントの周りに通信する端末を置き，アクセスポイントを介して通信を行う図8.5(a)のような利用形態を**インフラストラクチャーモード**(infrastructure mode)という。一方で，無線ルーターを利用しない図8.5(b)の利用形態は，**アドホックモード**（ad hoc mode）という。ゲーム機どうしの接続などで用いられる。対応した端末どうしの間での接続となるため，通信中は他の端末との通信はできない。

無線ルーターは，図8.6のように，有線ルーターに無線通信機能が追加された構造になっている。図7.3と見比べながら考えよう。2.2.3で学んだように，無線LANと有線LANはブリッジ接続され，同一LANとして利用できるようになっている。

無線ルーターとは別に，無線ネットワークに関する機器は，有線LANに接続する無線ブリッジや無線コンバーター，無線中継器がある。無線

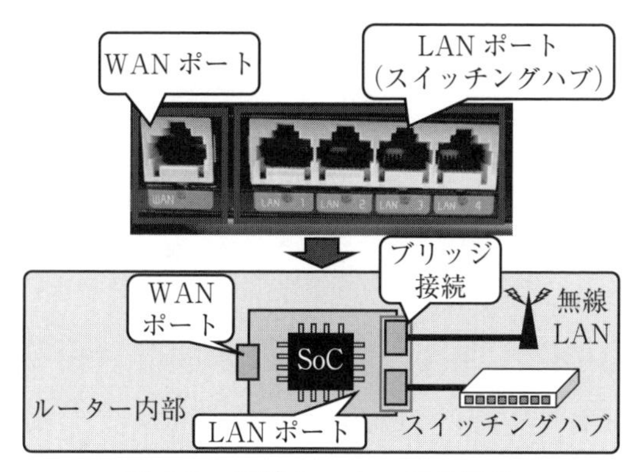

図 8.6　無線ルーターの仕組み

ルーターの中にも，動作を切り替えて無線ブリッジや無線コンバーターとして利用できる機器もある。

無線ブリッジ（wireless bridge）は，無線ルーターが持つ，ルーター機能がないものである。図 8.6 の WAN ポートの機能を持たないものと考えることができる。すでにルーターを使って構築した有線 LAN がある場合，有線 LAN を構築したルーター機能と重複するため，悪影響を避けるために無線ブリッジを用いる。

無線コンバーター（wireless converter）は，無線子機や子機とも呼ばれる。アクセスポイントは，親機とも呼ばれるため，親機のもとで動作する子機，つまり，無線 LAN に接続する端末と同様にアクセスポイントに接続される機器である。アクセスポイントと通信し，無線コンバーターにある有線 LAN の接続ポートからの通信を実現する。有線 LAN ポートしか持たない端末を無線 LAN に接続したい場合に用いる。

無線中継器（wireless repeater）は，障害物などによる電波の減衰を補う機器である。無線ルーターから発せられる電波を受け，増幅した上で電波を発する。7.1.1 で学んだ，有線ネットワークのパケットを中継する

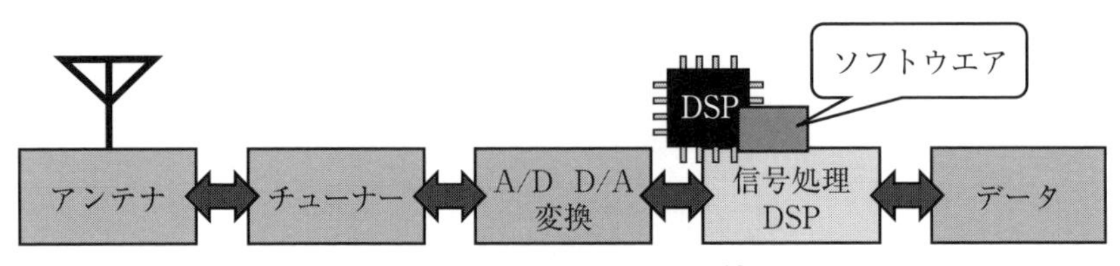

図 8.7　ソフトウエア無線

リピーターと同じ働きであり，OSI 参照モデルの第 1 層 物理層による中継を行う。無線ネットワークは通信エリア全体にパケットが運ばれるが，無線中継器を使うことで，異なるセグメントを作らず，同一ネットワークの通信エリアを広げることができる。

ところで，無線ルーターは電波を取り扱う。電波を取り扱う技術として，**ソフトウエア無線**（**SDR**：Software Defined Radio）が用いられている。電波の取り扱いは，従来は専用ハードウエアの構築により行われていたが，ソフトウエアの書き換えにより機能変更に対応できる仕組みに変化した。図 8.7 に示すような仕組みとなっており，受信では，アンテナから受け取った電波に対して，チューナーにより目的の周波数の信号を取り出す。アナログからデジタルの信号に変換する A/D 変換した後，4.1.1 で見た **DSP**（Digital Signal Processor）を使って処理を行い，電波で送られてきたデータを取り出す。送信は逆の手順により行われる。

ソフトウエア無線全体の動作や DSP の演算は，機器に書き込まれたソフトウエアである**ファームウエア**（firmware）により行われている。有線無線を問わず，ルーターなどの機器は **SoC**（System on a Chip）を動作させるファームウエアを持ち，ソフトウエアに基づいて動作が行われている。何らかの機能修正や変更は，ファームウエア更新により実現されることが多い。機器の購入後に更新されたファームウエアは，製造したメーカーのサイトから提供されることが一般的である。

8.2.2　無線 LAN と通信路

次に，無線 LAN の通信路について考えよう。アクセスポイントを使う図 8.5(a) のインフラストラクチャーモードによる通信は，通信エリア全体で 1 つの周波数帯を共有して通信を行う。図 7.2(a) リピーターと同様の通信となり，無線ルーターで構築されるネットワークが 1 つのセグメントになる。接続される台数が多くなるほど，フレームの衝突が発生する確率が高くなるため，通信速度は低下する。

無線 LAN による通信は，7.1.2 で学んだ有線 LAN の通信方式 **CSMA/CD** に似た，**CSMA/CA**（シーエスエムエーシーエー）(Carrier Sense Multiple Access with Collision Avoidance) 方式が用いられる。OSI 参照モデル 第 2 層 データリンク層の通信である。CSMA/CD においては，**フレーム**を送信中に衝突が検出されると送信を途中で中止し，再送処理を行う際にランダムな待ち時間が挿入される。一方，CSMA/CA では，送信の前に毎回ランダムな待ち時間を入れるという違いがある。

無線 LAN を含む電波を使う CSMA/CA でのフレーム衝突の確認は，送信側の端末がフレームを送り，受信側の端末から受信成功の確認応答 (ACK（アック）: ACKnowledgement) の有無により行う。フレームが衝突などで失われた場合，ACK が送信されないため，フレーム再送により対応する。フレームを送信する際に ACK を待つため，通信効率は同じ通信速度の有線 LAN に比べると低下する。

8.3　無線 LAN による通信

8.3.1　無線 LAN の規格

それでは，無線LANの規格について考えよう。無線LANの規格は，さまざまな装置を相互につなぐことを目的として，国際標準規格 IEEE802.11[1] として規定された。省略する場合は，「.11」の部分に注目して .11（ドット イレブン） と

1)「アイトリプルイー エイトオーツー ドット イレブン」と読む。

表 8.1　無線 LAN の規格

規格	策定年	周波数帯	最大伝送速度	物理層	最大帯域幅	Wi-Fi	別称
11	1997	2.4GHz	2 Mbps	FHSS/DSSS	22MHz		
11b	1999	2.4GHz	11Mbps	DSSS/CCK	22MHz	○	
11a	1999	5 GHz	54Mbps	OFDM 64QAM	20MHz	○	
11g	2003	2.4GHz	54Mbps	OFDM 64QAM	20MHz	○	
11n	2009	2.4/5GHz	600Mbps	OFDM MIMO 64QAM	40MHz	○	Wi-Fi 4
11ac	2012	5 GHz	6.9Gbps	MU-OFDM MU-MIMO 256QAM	160MHz	○	Wi-Fi 5
11ax	2020 （予定）	2.4/5GHz	9.6Gbps	OFDMA MU-MIMO 1024QAM	160MHz	○	Wi-Fi 6

いう。2019 年現在，表 8.1 に示す 7 種類の規格があり，802.11a/g/n/ac の普及が進んでいる。表に記した規格は，「802.」を省略して記してある。

7.3.4 で見た有線 LAN と同様，無線 LAN の規格は**上位互換性**（upper compatible）があるため，新しい規格に対応した製品は，古い規格による通信にも対応する。例えば，11n（イレブン エヌ）に対応する端末は，11g（イレブン ジー）のアクセスポイントに 11g の端末として接続できる。アクセスポイントが対応する規格よりも古い規格には対応できるが，新しい規格の通信には対応しないことに注意が必要である。

無線 LAN は，1997 年に IEEE によって策定された 802.11 から始まった。その後，伝送速度の高速化や周波数帯の追加などが行われ，現在に至っている。周波数帯は，通信を行う際に用いる周波数である。電波は勝手に利用することはできず，用途別に総務省により割り当てが決められている。

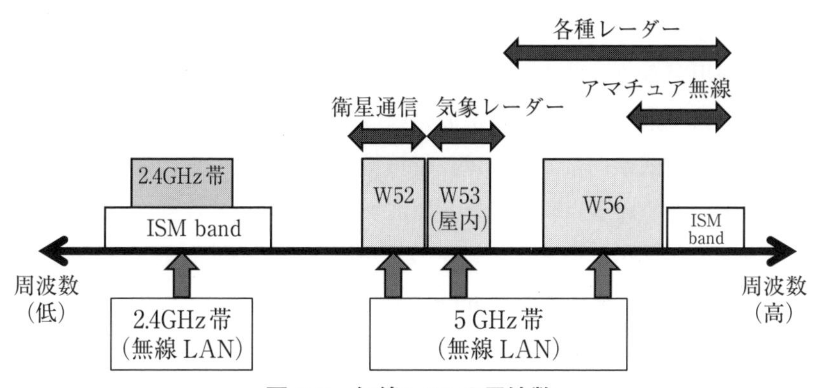

図 8.8　無線 LAN の周波数

無線LANで用いる周波数帯は，図8.8に示すように，周波数に注目すると，2.4GHz（にーてんよんギガヘルツ）帯と5GHz（ごギガヘルツ）帯の2種類がある。5GHz帯は，周波数帯の追加によって5.2GHz帯，5.3GHz帯，5.6GHz帯の3種類があり，それぞれW52，W53，W56という。無線ルーターによって，2.4GHz帯のみの対応，2.4GHz帯と5GHz帯のどちらかに対応するもの，2.4GHz帯と5GHz帯の同時利用に対応するものがある。

インフラストラクチャーモードは，2.4GHz帯と5GHz帯の全ての周波数帯で対応するが，アドホックモードは，2.4GHz帯とW52のみで利用可能である。

無線LANは，有線LANと同様，OSI参照モデル 第1層 物理層に対応する変調方式によって伝送速度は変化する。電波の変化を0と1のビット列に割り当てる方法の違いによって，一度に送信できるデータの量が決まるためである。8.1.2で電波は距離や障害物などで減衰することを見た。減衰が発生しても確実に通信できるよう，端末は電波の強度に応じて伝送速度を低下させて通信する。私たちが話をしている際に，聞き取りにくいとゆっくり話して対応することに似ている。変調については本書で詳しく扱わないため，興味がある方は専門書を当たってほしい。

無線を用いる通信では，**帯域幅**（bandwidth）と呼ばれる，データ送信でビット列を送る際に用いる電波の周波数に対する幅が決められる。物理層の変調方式が同じであれば，帯域幅が広いほど一度に送受信できるデータ量は多くなる。利用できる周波数の範囲が広くなり，一度に送信する電波に対応付けできるデータの量が増えるためである。帯域幅1つが通信路であり，**チャネル**（channel）に対応する。

チャネルは，送受信を行う組み合わせとなる装置が用いる周波数帯である。無線LANであれば，アクセスポイントAに接続する端末は，Aから出される周波数帯の電波をチャネルとして用いて通信を行う。近くに別のアクセスポイントBがある場合は，Aとは異なる周波数帯をチャネルとして用いる。AとBが重なる周波数帯を用いて通信を行うと，図8.4で見た電波の干渉が発生し，AとBの双方ともに通信に障害が発生するためである。

図8.9を見ながらチャネルについて考えよう。チャネルは，中心周波数で表される。例えば，表8.2にある，2.4GHz帯のチャネル1で考えてみよう。帯域幅が22MHz（メガヘルツ）の11b（イレブンビー）での通信は，22MHz分の周波数を占

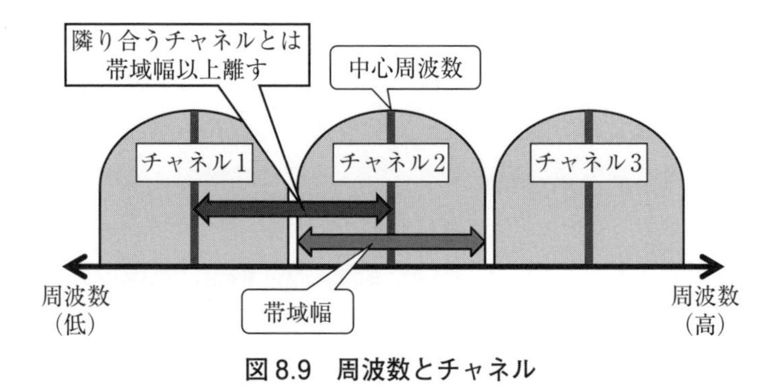

図8.9　周波数とチャネル

有し，中心周波数2412MHzの±11MHzである2401MHz～2423MHzにチャネルの周波数が広がる。

チャネルの識別は，**SSID**（Service Set IDentifier）が用いられる。無線LANに対応した機器で確認できるIDであり，端末は接続したいアクセスポイントのSSIDを設定することでチャネルへの接続が行われる。通信が暗号化されたアクセスポイントの場合は，接続の際に暗号化キー（encryption key）を入力する必要がある。

最後にWi-Fiについて見よう。無線LANを表す言葉として，**Wi-Fi**（Wireless Fidelity）がある。無線LANに関連する規格の1つである。無線LANを構成する装置は，メーカーが異なると，同じ規格に準拠はしていても，実際に相互接続できる保証はない。この問題を解決し，装置どうしの相互接続が認められたことを表すのがWi-Fiである。Wi-Fiロゴマークが付いた装置は，無線LANを使う上での相互保証性が保証されることを表す。

Wi-Fiは，米国に本拠地を置くWi-Fi Allianceによって推進されている。1999年に設立されたときは，WECA（Wireless Ethernet Compatibility Alliance）と呼ばれていたが，2002年10月よりWi-Fi Allianceとなった。無線LANに対応した端末をWi-Fiに対応させるには，Wi-Fi Allianceが決めた技術基準への認証を受けることが必要である。認証されていない端末は，同等の無線LAN機能を持っていてもWi-Fi対応とはいえない。Wi-Fiは無印の11を含まないなど，無線LANとWi-Fiは似ているようで異なることに注意が必要である。

2018年10月3日に，Wi-Fi製品やネットワークについてわかりやすくすることを目的として名称が付けられた。**Wi-Fi 4**は11nの製品やサービス，**Wi-Fi 5**は11acの製品やサービス，**Wi-Fi 6**は11axの製品やサービスを表す。Wi-Fiを表すロゴマークにも4，5，6の数字を付け，どの規格の Wi-Fi が提供されているかや，スマートフォンなどの端末で接続中の規格をわかりやすく示すことを目指している。

8.3.2　2.4GHz 帯を使った通信

2.4GHz 帯を使った無線 LAN の規格について考えよう。表 8.1 に示した 11 無印/b/g/n/ax である。通信で使うチャネルを表 8.2 に示す。

2.4GHz 帯は，近いエリアで複数のアクセスポイントを使って通信を行う場合，チャネル設定に工夫が必要になる。例えば，11b の帯域幅は 22MHz である。お互いに干渉しないチャネルを用いるには，中心周波数を 22MHz 以上離すことが必要である。5 MHz 刻みでチャネルが決められているため，表 8.2 の組 A，B，C，D，E にあるように，中心周波数を 25MHz だけ離した 2～3 チャネルしか取れない。11b の互換性を重視しない場合は，11g/n のみを利用し，帯域幅を 20MHz として，同時に利用

表 8.2　無線 LAN のチャネル（2.4GHz 帯）

チャネル	中心周波数	組 A	組 B	組 C	組 D	組 E
1	2412MHz	○				
2	2417MHz		○			
3	2422MHz			○		
4	2427MHz				○	
5	2432MHz					○
6	2437MHz	○				
7	2442MHz		○			
8	2447MHz			○		
9	2452MHz				○	
10	2457MHz					○
11	2462MHz	○				
12	2467MHz		○			
13	2472MHz			○		

できるチャネルの数を増やすこともできる。

無線LANの2.4GHz帯は，図8.8にあるように，産業科学医療用バンドとも呼ばれる，**ISM**（アイエスエム）**バンド**（Industry Science Medical band）に定義されている。ISMバンドは，2400～2500MHzであり，日本では10mW（ミリワット）以下の出力であれば，免許を必要とせずに利用できる周波数帯である。無線LANのほか，**Bluetooth**やアマチュア無線，コードレス電話，高速道路などに設置された電子料金収受システム**ETC**（イーティーシー）（Electronic Toll Collection System），各種レーダーのような通信機器，オーブンレンジ（電子レンジ）などが使う周波数と重なる。無線LANで用いられる中では周波数が低いため，障害物の影響を受けにくいという特徴もあるが，混信やノイズの影響を非常に受けやすい帯域である。利用する場合は，周りで行われている無線LANによる通信のチャネルや，2.4GHz帯を用いた通信による電波の強弱を調べ，干渉が少ないチャネルを選ぶことが重要である。

8.3.3　5GHz帯を使った通信

5GHz帯を使った無線LANの規格について考えよう。対応する規格は，表8.1に示した11a/n/ac/axである。通信で使うチャネルを表8.3に示す。2.4GHz帯とは異なり，各チャネルの周波数が重ならないように定義されている。

5GHz帯は，図8.8にあるように，ISMバンドから離れた周波数帯に位置し，他の通信から影響を受けにくい周波数帯である。W52，W53，W56という3つのブロックに分かれている。

W52（ダブリューごじゅうに）は，11a（イレブン エー）登場後より用いられていた，日本独自の周波数帯であるJ52（ジェイごじゅうに）からの移行により，2005年5月より用いられるようになった。J52よりも10MHz高い4チャネルを持つ周波数帯である。衛星通信

表 8.3　無線 LAN のチャネル（5 GHz 帯）

タイプ	利用開始	屋外使用	チャネル	中心周波数
J52		×	34	5170MHz
			38	5190MHz
			42	5210MHz
			46	5230MHz
W52	2005 年 5 月～	△ （条件付）	36	5180MHz
			40	5200MHz
			44	5220MHz
			48	5240MHz
W53	2005 年 5 月～	×	52	5260MHz
			56	5280MHz
			60	5300MHz
			64	5320MHz
W56	2007 年 1 月～	○	100	5500MHz
			104	5520MHz
			108	5540MHz
			112	5560MHz
			116	5580MHz
			120	5600MHz
			124	5620MHz
			128	5640MHz
			132	5660MHz
			136	5680MHz
			140	5700MHz

で利用される周波数と重なるが，2018 年 2 月に情報通信審議会からの一部答申を受け，2018 年 6 月から条件付きで屋外利用が可能となった[2)]。5.2GHz 帯の屋外利用の条件は 3 点あり，(1) 上空側に強い電波が出ない人工衛星に影響を与えない工夫が施された専用機器を利用すること，(2) アクセスポイントおよび中継器は，事前に総合通信局に「登録局」と

2）最新情報は「https://www.tele.soumu.go.jp/j/sys/others/wlan_outdoor/index.htm」を確認のこと。

しての手続きを必要とすること，(3) 気象レーダーに影響を与えない場所のみで利用すること，となっている。

W53（ダブリューごじゅうさん）は，2005年5月より追加された。気象レーダーと周波数が重なるため，屋内のみの利用となり，干渉を防ぐ仕組みが2種類追加されている。1つは，**DFS**（ディーエフエス）（Dynamic Frequency Selection）である。通信中のチャネルと干渉する気象レーダーの電波を検出すると，自動的にチャネル変更を行う機能である。もう1つは，**TPC**（ティーピーシー）（Transmit Power Control）である。干渉を回避するため，出力する電波の強さを自動的に調整する機能である。

W53を利用して通信を行う場合，アクセスポイントの動作開始時，DFSにより気象レーダーの電波の有無を1分ほど調べる。通信予定のチャネルに干渉する電波が検出されると，自動的に別のチャネルに変更される。運用中もDFSは，通信を行うチャネルに対して気象レーダーが干渉していないかを調べる。干渉する気象レーダーの電波が検出されると，10秒以内に通信を取りやめ，自動的に別のチャネルに切り替える。気象レーダーとの干渉を検出したチャネルは，検出後，30分間は電波の送出を停止する。

W53は，DFSと同時にTPCも動作している。TPCによって，気象レーダーへの干渉が少なくなるよう，アクセスポイントと端末間の通信で不必要に強い電波を出さないように調整される。2.4GHz帯やW52とは異なり，電波の出力が弱い場合があり，通信できる距離が短くなることや，通信が切断されることがある。

W56（ダブリューごじゅうろく）は，2007年1月より追加された。衛星通信や各種レーダー，アマチュア無線などが利用する周波数と重なっているため，W53と同様，アクセスポイントや端末にDFSやTPCが搭載される。

8.3.4　高速化の工夫

従来の規格に比べ，通信を高速化する工夫が施された802.11n/ac/axについて考えよう。11nを**HT**（High Throughput），11acを**VHT**（Very High Throughput），11axを**HEW**（High-Efficiency Wireless LAN）と表現し，従来の規格をnon-HT（non High Throughput）と呼ぶこともある。

通信の高速化では，物理層の変調方式を変化させる以外に，帯域幅を広げる方法がある。802.11n/ac/axでは，高速化のための技術の1つとして，隣り合うチャネルを束ねて利用する**チャネルボンディング**（channel bonding）が用いられている。帯域幅を，11nでは2つのチャネルを合わせて40MHzとして，11acや11axでは最大8つのチャネルを合わせて160MHzとして通信できるため，20MHzの帯域幅で通信するよりも高速化が実現される。11nによる帯域幅をHT20やHT40，11acによる帯域幅をVHT20，VHT40，VHT80，VHT160，11axによる帯域幅をHEW20，HEW40，HEW80，HEW160と表すことがある。

さらに，**MIMO**（Multiple Input Multiple Output）と呼ばれる技術も導入されている。図8.10のように，複数のアンテナを用いてデータを同

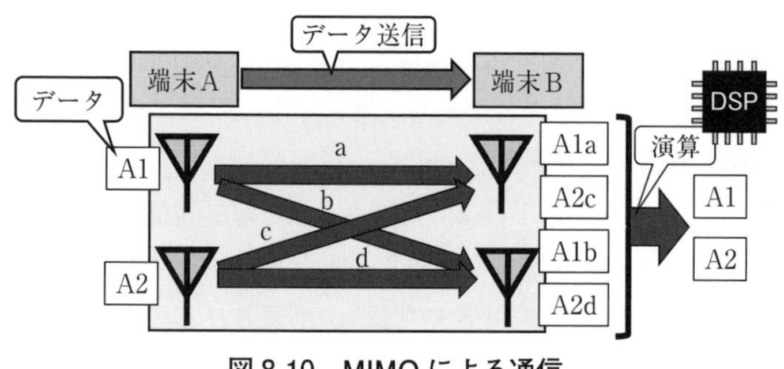

図8.10　MIMOによる通信

時に送信，つまり，データを多重化して送信し，伝送量を増やす工夫である。送信側と受信側が2つのアンテナを持つ場合，A1，A2というデータを別々のアンテナで送ると，受信側に経路が異なる4つのデータとして受信される。これをDSPを使って演算を行って元のデータに戻すことで，一度に送信できるデータ量が増えることになる。

MIMOは，アンテナの本数が多いほど演算は複雑になるが，通信路が追加されるため高速化される。規格上，11nは最大4本（送信4本，受信4本），11ac/axは最大8本（送信8本，受信8本）のアンテナを用いることができる。MIMOのアンテナの数を**ストリーム**（stream）数という。空間的に異なる伝送路で送信する技術を**空間分割多重**（SDM：Space Division Multiplexing）という。理論的に，ストリーム数が2本であれば伝送速度は2倍，3本であれば3倍となる。

11acは，第1世代であるWave 1，第2世代であるWave 2という2つのフェーズで導入が進められつつある。2019年3月現在は，Wave 1に対応した製品が中心であり，5 GHz帯の最大4チャネルを束ねて最大1.3 Gbpsの伝送速度を実現する製品が多い。Wave 2になると，11nのMIMOからさらに進化した**MU-MIMO**（Multi User MIMO）という技術が用いられ，5 GHz帯の最大8チャネルを束ねることにより，最大6.9 Gbpsの通信速度が期待されている。

11ac Wave 1までの規格では，アクセスポイントと端末は同時に1台しか通信できなかった。MU-MIMOを用いることで，アクセスポイントから端末にデータを送信する通信において，最大4台の端末と同時に通信が可能となる。アクセスポイントのアンテナの数と，端末が持つアンテナの数に応じて通信速度が調整され，それぞれの端末と通信が行われる技術である。このほか，対応する端末を用いることが必要になるが，**ビームフォーミング**（beamforming）と呼ばれる技術もオプションとして導入される。アクセスポイントが端末の方向や距離を判別して電波を最適化し，通信速度を向上させる機能である。

11axは，2020年6月策定予定である。これまでの無線LANの延長線上にある通信速度の高速化だけでなく，IoTやM2Mといった**モノのインターネット**（Internet of Things）の実現を踏まえた規格である。アクセスポイントと1台の端末との通信を高速化することよりも，通信を行う端末が多数存在しても，端末あたりの平均通信速度の低下を防ぐことを念頭に設計されている。

無線による通信は，端末の利用を自由にする利便性が高いことから，音楽や4Kや8Kといった動画配信だけでなく，拡張現実（AR：Augmented Reality），仮想現実（VR：Virtual Reality）のような通信量の多いリアルタイムアプリケーションに対応したさまざまな端末への応用も考慮されている。一方で，モノのインターネットと呼ばれるIoT社会の実現に向けて，通信の省電力化などWi-Fiを介して接続する大量のモノ（Things）との通信も考慮されている。

11axのMU-MIMOは，一度に通信できる端末数が8台に拡張され，アクセスポイントから端末へのダウンリンクだけではなく，接続中の複数のクライアントからアクセスポイントに同時にデータが送信できるアップリンクマルチユーザー（Uplink Multi-User）モードも搭載されている。つまり，通信で使用できるチャネルを通信中の各端末に必要に応じて割り当て，双方向の通信が同時にできるように拡張されている。端末との通信では，ビームフォーミングを用いて通信を行う端末の方向や距離に基づいて電波を最適化し，無線LAN間の干渉を回避する工夫を行うことで，11acでは対応できなかった2.4GHz帯の通信にも対応可能となった。高速で多くの端末との通信を実現する工夫がなされていることから，11axは高効率無線LANとも呼ばれる。

演習問題 8

【1】無線通信で用いられるチャネルとは何か説明しなさい。

【2】通信で用いる帯域幅を 20MHz として，2.4GHz 帯で同時に利用できるチャネルの組について考えなさい。

【3】2.4GHz 帯を用いた無線通信は，電波の干渉が発生しやすい理由を説明しなさい。

【4】無線 LAN のアクセスポイントにおいて，2.4GHz 帯と 5 GHz 帯を同時に使う利点について説明しなさい。

【5】モノのインターネットを実現するには，無線通信が重要となる理由を考えなさい。

参考文献

Al Anderson, Ryan Benedetti（著），木下哲也（訳）：Head First ネットワーク―頭とからだで覚えるネットワークの基本，オライリー・ジャパン（2010）.

アンドリュー・S・タネンバウム，デイビッド・J・ウエザロール（著），水野忠則，相田 仁，東野輝夫ほか（訳）：コンピュータネットワーク 第5版，日経 BP 社（2013）.

瀧本往人：基礎からわかる「Wi-Fi」&「無線 LAN」，工学社（2012）.

阪田史郎：ユビキタス技術 無線 LAN，オーム社（2004）.

三上信男：ネットワーク超入門講座 第3版，ソフトバンク クリエイティブ（2013）.

五十嵐順子：いちばんやさしいネットワークの本，技術評論社（2010）.

安藤 繁，田村陽介，戸辺義人，南 正輝：センサネットワーク技術―ユビキタス情報環境の構築に向けて，東京電機大学出版局（2005）.

中本伸一：はじめの第一歩から SDR を理解しよう，RF ワールド トランジスタ技術増刊 No.22，pp.8-13（2013）.

鈴木憲次：ワンセグ USB ドングルで作る オールバンド・ソフトウェア・ラジオ，CQ 出版（2013）.

葉田善章：コンピュータ通信概論，放送大学教育振興会（2020）.

9 ホームネットワーク

《目標＆ポイント》 家庭でのコンピューターを活用したネットワークとして，ホームネットワークについて紹介する。ネットワークにPC，モバイル端末，家電などの機器を接続し，統合的なサービスを実現する仕組みについて学ぶ。プロトコルが異なるネットワークどうしを接続するゲートウェイ（GW）や，使いやすいネットワーク環境を実現するために必要となるプラグアンドプレイ，用途に応じた通信規格の選定などについて考え，応用例としてDLNAやECHONET Liteについて見る。
《キーワード》 ホームネットワーク，UPnP，DLNA，ECHONET Lite，VoIP

9.1 家庭に存在するコンピューターの活用

これまで，通信モデルや，コンピューター，TCP/IPを使う有線，無線のネットワークについて学んできた。次に，さまざまな機器に搭載されたコンピューターを有線や無線によるネットワークを使って接続し，活用する方法について考えよう。

9.1.1 家庭に引き込まれたネットワーク

家庭には，いくつかのネットワークがインフラとして導入されている。PC，黒物家電を中心としたデジタルAV（Audio & Visual），電話・FAX，暮らし生活という4種類の領域に分けて，図9.1を見ながら考えよう。

ネットワークというと，コンピューターネットワークを連想することが多いだろう。これまで学んできた有線や無線によるネットワークである。

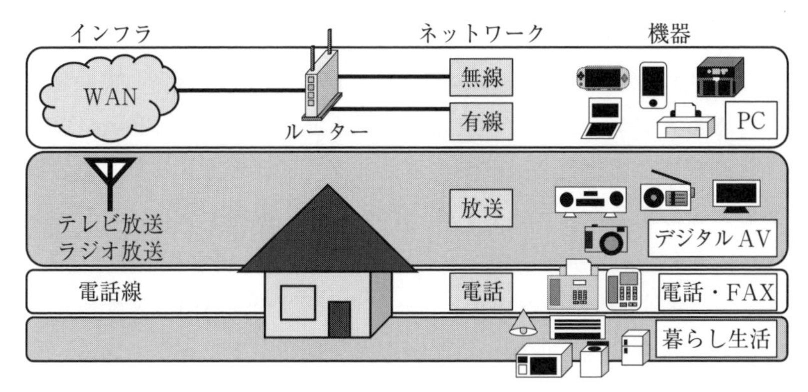

図 9.1　家庭内のネットワーク

図 1.4 で見たように，プロバイダーからインターネットに接続する通信回線を引き込み，ルーターを用いて有線や無線の LAN を構築して家庭内で用いる。PC やモバイル端末，ゲーム機などのコンピューターや，プリンターや **NAS**（ナス）（Network Attached Storage）といった**周辺機器**が接続される。PC を中心とした機器が属する領域である。

次に，テレビやラジオの放送によるネットワークがある。家庭には，リビングや書斎などの部屋に，テレビを接続するアンテナコンセントが用意されていることが多い。屋外に設置したアンテナで受信した電波や，**CATV** 事業者が提供するケーブルにより提供された電波を，各部屋に分配したネットワークと考えることができる。CATV 事業者により提供されるケーブルの電波には，テレビやラジオの放送だけでなく，インターネットに接続するネットワークも含まれることがあり，インターネットプロバイダーとしての役割も担うこともある。CATV では，放送や映像に関するサービスや機能を利用するために，**STB**（エスティービー）（Set Top Box）が必要になることもある。

各部屋にあるアンテナコンセントは，アンテナケーブルを介して電波を受信するテレビやレコーダー，ラジオに接続される。放送によって提供されるコンテンツを見たり，レコーダーを使って録画，録音して楽しむことができる。コンテンツは，放送以外にもCD，DVDやBlu-rayなどのパッケージによる提供や，デジタルカメラ，ビデオカメラなどでの作成もある。このため，メディアプレーヤーやAV機器を含め，コンテンツを取り扱うデジタルAVを中心とした機器が幅広く属する領域となる。

3つ目は，電話回線によるネットワークである。電話やFAXが属する領域である。日本全国，世界につながる大規模ネットワークである。家庭では，モジュラージャックに電話を接続して利用する。現在では電話機やFAXの接続で用いられるが，有線や無線によるネットワークが普及していなかったときは，コンピューターをネットワークに接続する手段としても用いられていた。**モデム**（MODEM：MODulator DEModulator）という装置を使って，コンピューターで取り扱うデータを音声信号に変換して電話線で流す方法である。近年では，インターネットで用いられるTCP/IPによるプロトコルを使って電話機能を実現する**IP電話**（Internet Protocol phone）に変化しつつある。**VoIP**（Voice over IP）という技術が用いられる。なお，従来の固定電話網は，契約数の減少や交換設備の維持限界などにより，2025年1月までにIP電話への移行が予定されている[1)]。

最後に生活家電を中心とした暮らし環境である。現在，ネットワークへの接続が進められつつあり，今後の発展が期待される領域である。エアコン，扇風機，冷蔵庫，オーブンレンジといった白物家電，活動量計，体重計，血圧計といったヘルスケア端末，防犯カメラや人感センサーといった各種センサーなどが属する領域である。

それぞれの領域に属する機器は，類似する分野の機能を提供する。テレビとレコーダー間の連携のように，機器どうしの連携をメーカーや特定の機

1) 詳細は「http://www.soumu.go.jp/menu_seisaku/ictseisaku/telephone_network/index.html」を参照のこと。

種間で独自に実現することや，ネットワーク機能を使って同じ規格に準拠した機器どうしの連携が実現されている。通信で用いられる規格は搭載されるコンピューターや用途に応じて選択され，これまで学んできたTCP/IPを用いて構築される**IPネットワーク**（Internet Protocol Network）に対応するもの，機器独自の**固有プロトコル**（proprietary protocol）の2種類に分けられる。固有プロトコルで用いられる規格は，**シリアルポート**（serial port），**Bluetooth**，赤外線による**IrDA**（アイアールディーエー）（Infrared Data Association），**NFC**（エヌエフシー）（Near Field Communication）など多種多様である。

9.1.2　コンピューターをつなぐアーキテクチャー

次に，9.1.1を踏まえて，ネットワークを使って家庭内でさまざまな機器を連携する方法について考えよう。

何らかの目的を持って複数の機器を連携させるには，ネットワーク上で4.2.2で学んだ集中制御を行う仕組みが必要となる。このため，利用したい全ての機器をネットワークに接続し，取りまとめることが必要である。家庭で用いられる多種多様な機器を1つのネットワークから管理するため，図9.2に示す**アーキテクチャー**（architecture）がある。家庭で用いられる機器をネットワーク接続するための基本的な考え方である。

図9.2は，1999年から2004年に活動した日本の宅内情報通信・放送高度化フォーラムによって，さまざまな要求に対応できる家庭のネットワークとして**ホームネットワーク**（home network）が議論され，示された基本アーキテクチャーである。電話やFAX，テレビ，インターネットなどの電気通信に関する国際標準の策定や周波数利用の割り当てなどの国際規格を作成する，国際電気通信連合の部門の1つである電気通信標準化部門ITU-T（アイティーユーティー）（International Telecommunication Union-Telecommunication standardization sector）から，2002年7月にJ.190[2]勧告（recommendation）

2)「ジェイ いちきゅうゼロ」と読む。

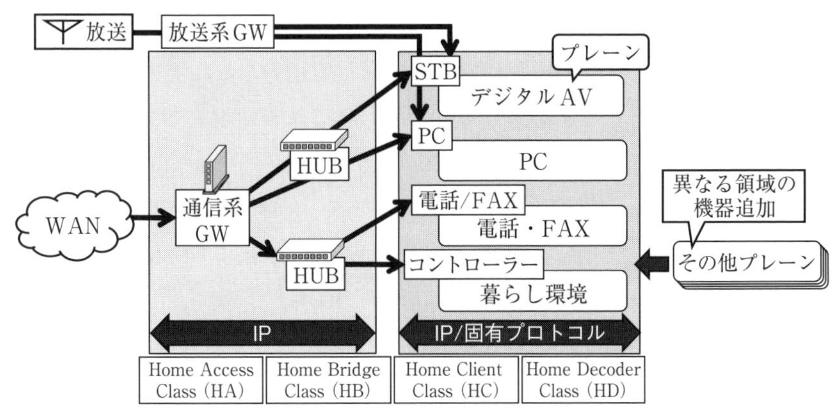

図 9.2　ホームネットワークのアーキテクチャー

として発行され，国際規格となっている。J.190 は技術動向などを踏まえ，2007 年に改訂を受け，現在は J.190rev1[3] (J.190 revision 1) となっている。

J.190 によるホームネットワークは，3 つの目的を満たすネットワーク構築を目指している。1 つ目は，多種多様な機器を必要なときに相互に接続して，操作できる環境の提供である。機器の組み合わせ自由度を高め，利便性を飛躍的に向上させることを目指す。2 つ目は，家庭内外のネットワークを結び，家庭内のネットワークに接続された機器を，家庭内だけではなく家庭外からも利用できる環境の提供である。安心して利用できるネットワークサービスの一部を構成することを目指す。3 つ目は，異なる規格で構築された複数のネットワークが共存できる環境の提供である。技術進歩に伴い変化する規格にも対応できる柔軟なネットワークを目指す。

J.190 では，分野が異なる領域への対応のため，9.1.1 で考えたように，ネットワークに接続される機器を PC，デジタル AV，電話・FAX，暮ら

3)「ジェイ いちきゅうゼロ リビジョン ワン」と読む。

し環境など，複数の領域に分類する。それぞれの領域を**プレーン**（plane）と呼んで区別し，用途ごとに適したプロトコルや通信規格を用いる。新しい機器を追加する際，既存のプレーンで対応できない場合はプレーンを新たに追加することで対応する。各プレーンと全体の取りまとめは，IP ネットワークが用いられる。このことで，IP ネットワークからそれぞれのプレーンに接続された機器が利用できるようになる。つまり，ホームネットワークによってネットワークの違いを意識することなく利用できる，**シームレス**（seamless）の状態となる。プレーンという垣根を取り払った状態と考えることができる。

9.1.3　ホームネットワークを構成する機器

次に，図 9.2 に示した J.190 によるネットワークを構成する機器について考えよう。ネットワークに接続される機器は，役割を示す 4 種類のクラス（class）に分類されている。説明中に登場するプラグアンドプレイやゲートウェイの詳細は，9.2.1 で述べる。

HA（Home Access）クラスは，WAN と LAN を接続する機器クラスであり，**ホームゲートウェイ**（HGW：Home GateWay）と呼ばれる。通信系ゲートウェイ（GW：gateway）とも呼ばれ，図 1.4 に示した，プロバイダーと LAN を結ぶルーターに相当する。無線 LAN アクセスポイントの機能や，**VoIP ゲートウェイ**による電話機能を持つ機器もある。

HB（Home Bridge）クラスは，IP により構築されたネットワーク領域である **IP ドメイン**（IP domain）内で，ネットワークのブリッジを行う機器クラスである。図 7.1 (b) で見たパケットを中継する機器であり，スイッチングハブや無線ブリッジなどに相当する。

HC（Home Client）クラスは，IP ドメインと固有プロトコルで構築されたネットワーク領域である**固有プロトコルドメイン**（proprietary protocol domain）を接続する機器クラスである。ここでいう**ドメイン**（domain）は，ネットワークの領域や範囲をいう。双方のドメイン間のパケットを変換して双方の通信を実現するとともに，プレーン内を使いやすくする**プラグアンドプレイ**（**PnP**：Plug and Play）や，プレーンに接続された機器のコントロールなどを行う。ドメイン間を接続する**ゲートウェイ**（gateway）に該当する。

HD（Home Decoder）クラスは，固有プロトコルドメインやIPドメインで構成されるプレーンに接続された機器に関するクラスである。ネットワークに接続された機器そのものである。

放送系ゲートウェイは，放送されたコンテンツを蓄積する機能と，蓄積されたコンテンツや，放送中のコンテンツをホームネットワークに配信するデジタルAV機器である。HCに相当するSTBやレコーダーや，HAを担当する機器が担うこともあり，HAまたはHCに分類される。

9.2 コンピューターをつなぐ仕組み

ホームネットワークについて学んできた。次に，ネットワークどうしを結ぶゲートウェイやネットワークを使いやすくするサービスについて考えよう。

9.2.1 ネットワーク間のプロトコル変換

IPドメインと固有プロトコルドメインの接続について考えよう。IPドメインは，これまで学んできたTCP/IPによるIPパケットを用いたネットワークである。一方で，固有プロトコルドメインは，IPパケットを使わないネットワークである。IPアドレスに相当するアドレスを持たない規格や，独自のアドレスを持つ規格，データを運ぶパケットを用いない規格など，プレーンによってさまざまである。プロトコルが異なると，そ

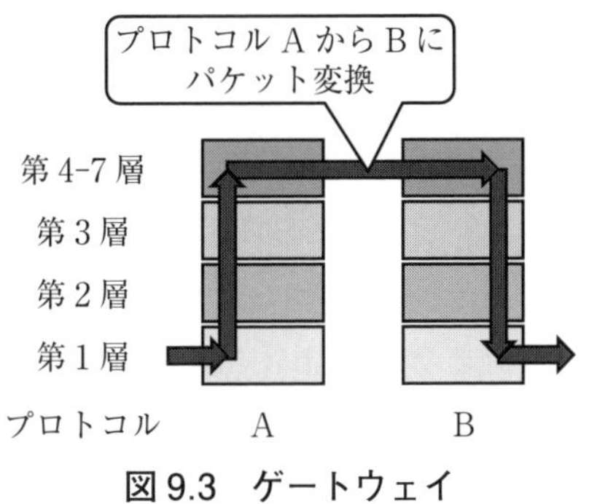

図 9.3　ゲートウェイ

のまま接続してもお互いに解釈できず通信できないため，双方のネットワーク接続では，プロトコルを変換する**ゲートウェイ**と呼ばれるパケット中継の仕組みが必要となる。ゲートウェイは，**プロトコルコンバーター**（protocol converter）と呼ばれることもある。

パケットを中継するネットワーク機器は，7.1.1 においても学んだ。リピーターやブリッジ，ルーターである。それぞれ OSI 参照モデルの第 1 層，第 2 層，第 3 層を処理する機能を持っているが，パケットに含まれるデータそのものの解析や変換はできない。一方で，ゲートウェイは，図 9.3 のように，**アプリケーション**により実現される OSI 参照モデルの第 4 層から第 7 層を解釈する。プロトコル A のデータを解釈し，プロトコル B で通信できるデータに変換するなど，プロトコルの翻訳を行い，別のプロトコルスタックに中継する働きをする。

ゲートウェイは，専用装置で構成される場合もあるが，PC やモバイル端末により実現される場合もある。PC を用いる場合は，目的とするプレーンの通信機能を追加し，ゲートウェイ機能を実現するアプリケーションをインストールする。モバイル端末を用いる場合は，ゲートウェイ機能を持つ**アプリ**を導入する。

例えば，9.1.3で見たVoIPゲートウェイは，電話機やFAXをIPネットワークに接続する装置である。電話機を接続するのは，見た目は従来の電話のネットワークである電話網であるが，IP電話の機能そのものは，IPネットワーク内で5.4.3で学んだ**SIP**（Session Initiation Protocol）や**RTP**（Real-time Transport Protocol）などを用いて実現されており，従来の電話網で提供される機能とは全く異なる。電話網とIPネットワークとのやりとりを中継するにはプロトコルを全て変換する必要があるため，ゲートウェイが用いられる。

9.2.2　IPドメインの利便性を高めるUPnP

近年のコンピューターやネットワークの技術進展に伴い，固有プロトコルドメインでネットワークに接続される機器は少なくなり，ホームネットワーク全体を取りまとめるIPネットワークに直接接続する機器が占める割合が増えつつある。つまり，IPネットワークがネットワークのデファクトスタンダードとなっている。

IPネットワークを使うと何ができるだろうか。これまでの使い方であれば，PCやモバイル端末などを接続すると，インターネットにあるデータへのアクセスや，ファイル共有などが可能であった。ネットワークに接続するアプリケーションを用い，コンピューターを**IPアドレス**や，インターネット上のリソースを指定する**URL**（Uniform Resource Locator）を用いて，目的とするデータなどにアクセスする。

一方で，家庭内のネットワークに接続されるAV機器や生活家電を活用する場合はどうだろう。ネットワークに接続しただけでは連携動作はできない。別途，機器が持つ機能を把握し，何らかの目的を持って連携動作を実現する機能の実現や，接続された機器に割り当てられたネットワーク上のアドレスを調べて設定することが必要になる。つまり，多種多様の機器をネットワークにより連携させて利用するには，実現機能をどうするか，どんな機器を組み合わせるのか，機能を実現する枠組みが必要になる。

利用者が個別に決めるのは煩雑であり，自動的に機器の連携が実現される仕組みが提供されていることが望ましい。これが，9.1.3のHCで述べた，プレーンを使いやすくする**プラグアンドプレイ**（**PnP**）の提供や，機器のコントロールを行う仕組みである。IPドメインを使ったプレーンでは，プラグアンドプレイや機器のコントロールのための基本技術として，次に学ぶUPnPが用いられることが多い。

9.2.3 UPnPの動作

UPnP（ユーピーエヌピー）（Universal Plug and Play）は，UPnPフォーラム[4)]が策定する仕様である。Microsoftを中心として1999年に設立された。PC（Windows XP以降），モバイル端末などのコンピューター以外に，ルーター，プリンター，スキャナー，NASなどの周辺機器，アンプやテレビ，レコーダーなどのAV機器，防犯カメラなどのセキュリティー関連のセンサーなど，多種多様なデバイスに対応する。

プラグアンドプレイは，PCに周辺機器を接続すると，必要となるデバイスドライバーを読み込み，自動的に設定を行って利用可能とする仕組みである。UPnPは，コンピューターで実現されているプラグアンドプレイ機能をネットワークに拡張したものであり，既存技術そのものや拡張した技術を用いて実現されている。

UPnPが提供する機能は，図9.4に示すプロトコルスタックにより構成される。IPを用いるため，TCP/IPによるネットワークで利用する。第1-2層が未定義なのは，有線や無線など，IPを取り扱うさまざまなネットワーク機器と組み合わせて利用するためである。

4）http://www.upnp.org/

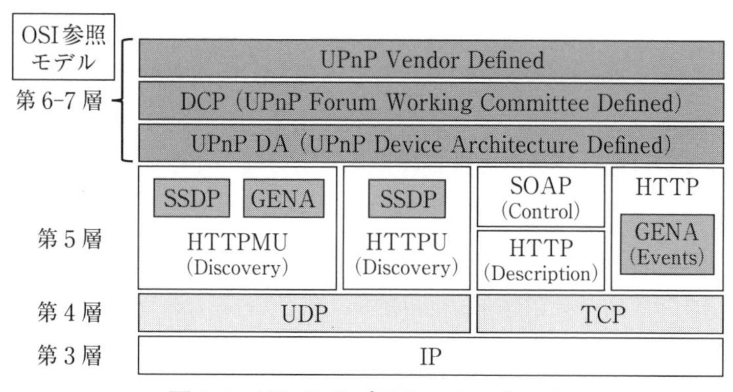

図 9.4　UPnP のプロトコルスタック

UPnP を構成する機器であるデバイスは，(A) サービス，(B) デバイス，(C) コントロールポイントという 3 種類で構成される。ネットワークに接続される機器のハードウエアや，PC やモバイル端末などのコンピューター上で動作するアプリケーションとして構成される。

(A) **サービス**（service）は，UPnP を使って制御を行う最小単位であり，デバイスが持つ機能である。次に，(B) **デバイス**（device）は機器そのものや，UPnP 機能を含む 1 つのアプリケーションをいう。1 つのサービスだけで構成される場合や，複数のサービスが組み合わさって構成される場合もある。デバイスの中に複数のデバイスを組み込むことも可能であり，本体となるデバイスをルートデバイス（root device），組み込まれるデバイスをエンベデッドデバイス（embedded device）という。最後に，(C) **コントロールポイント**（control point）は，デバイスを制御する機構である。

UPnP は，(1) Addressing，(2) Discovery，(3) Description，(4) Control，(5) Eventing，(6) Presentation という 6 つの段階を経て機器の認識や制御を行う。

(1) **Addressing** は，デバイス自身の IP アドレスを決める段階である。ほとんどのルーターが持つ機能の1つである，**DHCP**（Dynamic Host Configuration Protocol）により決める方法と，デバイス自身がアドレスを決定する AutoIP により行う方法がある。

(2) **Discovery** は，ネットワーク上のデバイスを探す段階である。デバイス自身の情報をネットワーク上にマルチキャストで通知し，デバイスを探すコントロールポイントに通知する。**マルチキャスト**（multicast）は，ネットワークに存在する複数の相手に対して同じデータ送信を行うことである。第5章で学んだ UDP による通信である。ネットワークに接続中は，デバイスの存在を通知するために一定時間ごとに通信が行われる。

HTTP（HyperText Transfer Protocol）を拡張し，UDP によるマルチキャスト通信を実現した HTTPMU（HTTP Multicast over UDP）を用い，SSDP（Simple Service Discovery Protocol）や GENA（General Event Notification Architecture）を使って通信を行う。または，HTTP を UDP で実現した HTTPU（HTTP over UDP）を用い，SSDP による通信を行う。

(3) **Description** は，詳細な情報を収集する段階である。コントロールポイントは，デバイスを利用可能にするために，(2) で明らかになったネットワーク上に存在するデバイスの中から，制御対象デバイスに依頼を行い，詳細な情報を収集する。通信は，Web ページの読み込みで用いられる HTTP が用いられる。

(4) **Control** は，コントロールポイントがデバイスを制御する段階である。プリンターの印刷を開始したり，レコーダーへの再生指示などを行う。SOAP（Simple Object Access Protocol）が用いられる。

(5) **Eventing** は，デバイスが状態を通知する段階であり，状態が変化したときに**イベント**（event）としてアプリケーションに通知される。プリンターであれば，印刷中にエラーが発生した場合などである。通信は，HTTPを用いてGENAにより行われる。

(6) **Presentation**は，Webサービス提供を行う段階である。Webサービスを持つデバイスへのアクセスを支援するものである。

UPnPは，第6層より上で，対応する機器のデバイスが持つ機能（DA：Device Architecture）や，制御方法（DCP：Device Control Protocol）を種類ごとに定義している。UPnPによる制御のための通信は，**XML**（eXtensible Markup Language）形式により記述されたテキストが用いられる。また，UPnPで機能が不足する場合，UPnP Vendor Definedによって独自機能の追加が可能となっている。

9.3　ホームネットワークのための通信規格

次に，ホームネットワークを構成するプレーンで用いられる通信規格について考えよう。

9.3.1　プレーンと通信規格

ホームネットワークは，基本的にはIPネットワークで構築されるが，ネットワークに接続する機器に応じた通信規格も用いる。これまで，OSI参照モデルを使って通信規格について考えてきたが，サービスを提供する上位，通信方法を提供する中間，物理的な接続方法を提供する下位の3階層に分けて考えると，図9.5のようになる。

下位層を考えると，ネットワークへの接続は，これまで見てきた有線LANや無線LAN，**HD-PLC**[5]（High Definition Power Line Communication）などの**電力線通信**（**PLC**：Power Line Communication），CATVのケーブルを利用する同軸ケーブルなどが用いられる。電力線通

5）http://www.hd-plc.org/

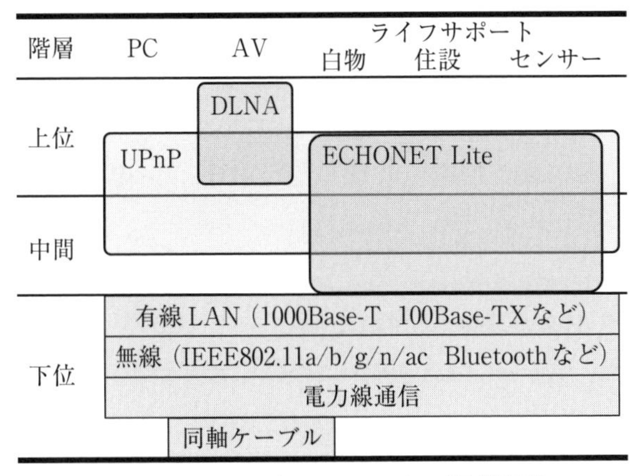

図 9.5　ホームネットワークの通信規格

信は，家庭内の隅々に張り巡らされた電気配線を使ってネットワークを構築する技術であり，コンセントを使ってネットワーク接続する。特に生活家電は，有線や無線によるネットワーク接続を考慮できる場所に設置できないことも多く，普及が期待される技術である。同軸ケーブルを用いるネットワークは，各部屋にあるアンテナコンセントを使ってネットワークを構築する技術である。日本ではあまり普及していないが，MoCA（モカ）(Multimedia over Coax Alliance)[6] による規格などがある。Bluetooth は，IP ネットワークへの接続や，ゲートウェイの仲介による固有プロトコルを使った接続に用いられる。接続に使われるプロファイルによって接続方法が異なるためである。

下位層の規格は，接続する機器によって選択される。OSI 参照モデルの第 1-2 層に相当するため，IP 対応の規格どうしであれば，ブリッジ接続によりお互いに通信可能にできる。

中間層や上位層は PC や AV では UPnP を基本として，機能拡張して

6) http://www.mocalliance.org/

用いることが多い。図 9.4 にある，サービスを提供するベンダー（vendor）が独自に定義できる部分を用いて，対象機器を制御できるように機能追加を行う。PC プレーンでは UPnP がそのまま用いられるが，デジタル AV では DLNA，暮らし環境では ECHONET Lite という規格が用いられる。

9.3.2 デジタル AV プレーンの DLNA

デジタル AV プレーンの DLNA について考えよう。**DLNA**（ディーエルエヌエー）（Digital Living Network Alliance）[7] は，家庭内において，AV 家電，PC，モバイル端末などの間で，音楽，写真，映像などのコンテンツ共有の実現を目指している。業界標準技術を使った相互接続互換性を構築する技術的な設計ガイドライン策定を目的として，2003 年 6 月に非営利団体として設立された。

UPnP を基本として用いており，機器の機能は**デバイスクラス**（device class）として規定されている。UPnP のサービスに相当する。制御方法は DLNA ガイドラインとしてまとめられている。バージョン 1.0 は 2004 年，1.5 は 2006 年，2.0 は 2009 年と，必要とされる機能に伴い追加された。DLNA は 2017 年 1 月 5 日にミッションを完了したとして組織は解散したため，今後のガイドライン更新は行われない。一方で，DLNA 認定やテストなどの機能は，SpireSpark International[8] に継承されているため，規格に準拠していれば従来通り用いることができる。

バージョン 1.0 は，ホームネットワーク機器（Home Network Devices）向けのデバイスクラスとして，メディアを蓄え，配信するサーバーの役割を担当する **DMS**（ディーエムエス）（Digital Media Server）と，メディアの再生と表示を担当する **DMP**（ディーエムピー）（Digital Media Player）の 2 つで構成されている。DMS は，ビデオレコーダー，オーディオ機器，STB，PC，モバイル端末などで

7）http://jp.dlna.org/
8）https://spirespark.com/dlna/certication

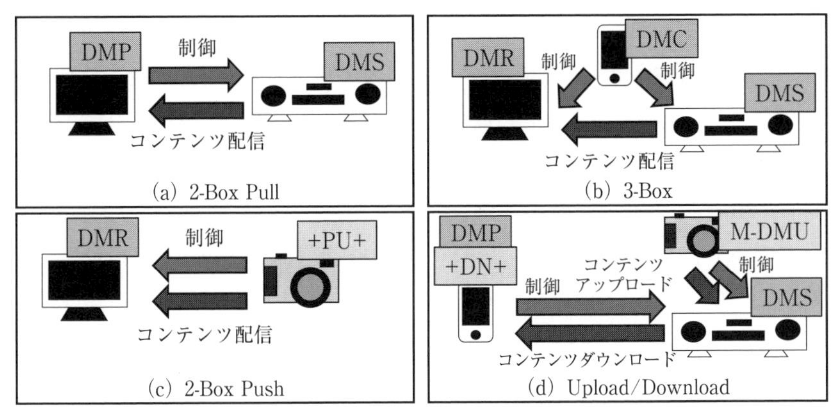

図 9.6　DLNA の利用形態

あり，DMP は，テレビ，オーディオ機器，PC，モバイル端末，ゲーム機などが該当する。図 9.6 (a) 2-Box Pull の形態で用いられる。DLNA に対応する機器は，複数の役割を持つこともあることに注意が必要である。

バージョン 1.5 は，1.0 にリモコンやレンダラー，コンテンツのアップロードやダウンロードに対応する機能などが加えられている。追加された主なデバイスクラスは，**DMR**（ディーエムアール）（Digital Media Renderer），**DMC**（ディーエムシー）（Digital Media Controller），DMPr（ディーエムピーアール）（Digital Media Printer）である。DMR はネットワーク接続のスピーカーや，テレビなど，DMC はモバイル端末などである。ネットワークに存在するデバイスクラスを組み合わせて，図 9.6 (a) に加え，(b)，(c)，(d) のような形態にも対応する。基本は (a) の形であり，存在するクラスやコンテンツの楽しみ方などに応じて形態を変化させる。

モバイル端末向けの機能（Mobile Handheld Devices）を持つデバイスクラスも追加されている。M-DMS，M-DMP，M-DMC，M-DMD（Mobile Digital Media Downloader），M-DMU（Mobile Digital Media Uploader）

である。さらに，モバイル端末との連携機能（Home Infrastructure Devices）を実現するクラスとして，コンテンツ形式を変換するMIU（Mobile Interoperability Unit），Bluetooth接続を**Wi-Fi**接続に変換する機能などをまとめたM-NCF（Mobile Network Connectivity Function）が決められている。

このほか，デバイスクラス以外の追加機能（Device Capability）として，UP（Upload Controller），DN（Download Controller），PU（Push Controller），PR1（Printer Controller），PR2（Printer Controller, 3-box model）が定義された。

そして，地上波デジタル放送を録画したコンテンツなど，コンテンツ配信で必要となるガイドライン（Link Protection Guideline）として，著作権保護が必要となるコンテンツを暗号化して配信するDTCP-IP（Digital Transmission Content Protection over Internet Protocol）なども規定されている。

バージョン2.0は，オプション機能の追加である。プレーヤーやコントロール機器に操作用のインターフェースの定義や，番組予約などで用いる番組表機能，録画予約機能，サーバーとモバイル端末間のコンテンツ同期などが決められている。

9.3.3 暮らし環境プレーンのECHONET Lite

暮らし環境プレーンのECHONET Liteについて考えよう。**ECHONET Lite**は，ECHONETコンソーシアム[9]（Energy Conservation and HOme-care NETwork Consortium）が規格策定を行っている。日本の家電メーカーや通信会社，電力会社が中心となり1997年から活動が進められている。

従来，LiteがつかないECHONETという規格であった。OSI参照モデ

9）http://www.echonet.gr.jp/

ルの第1層から第7層まで規定されており，独自のECHONETアドレスを使って機器を制御していた。多種多様の通信規格に対応できる仕組みを持ち，ミドルウエアを使って機器を制御するものであった。図6.5で見た，グリッドコンピューティングの形態に似ている。

ECHONET Liteは，2011年12月に一般公開された。コンピューターやネットワークの技術進展に伴う変化を考慮し，従来規格で冗長となっていた部分を改善しつつ，軽装化された。IPベースとなり，OSI参照モデルの第1層から第4層はTCP/IPに対応した機器が利用できるようになった。何らかの理由で，IPネットワークとは異なるネットワークに機器を接続する場合は，双方に接続される機器のアプリケーションを介して通信を行う。

接続される機器の機能は，UPnPのサービスに相当する**機器オブジェクト**（device object）として定義される。図9.7のイメージのように，センサー関連，空調関連，住宅関連，調理・家事関連，健康関連，コントローラー関係，AV関連など，暮らしで用いられる機器に対応する。

家庭内のエネルギー消費が最適に制御される住宅である**スマートハウス**

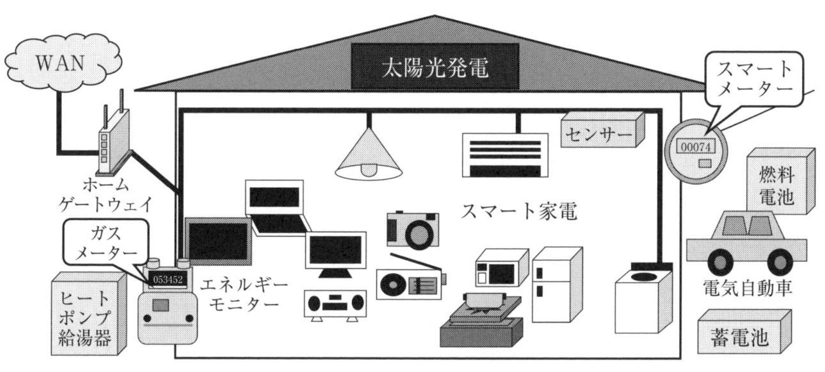

図9.7　ECHONET Liteのイメージ

(smart house) 向けの制御プロトコルであり，国際標準となっている。家庭のエネルギーを管理する **HEMS**（ヘムス）(Home Energy Management System) の標準プロトコルである。太陽光発電やスマートメーターと呼ばれる電力計と組み合わせ，エネルギーモニターを使った電気の発電や使用の状況確認を実現する。発電量や余剰電力の管理，蓄電池や電気自動車 (EV（イーブイ）: Electric Vehicle) への充電や放電の管理や，さまざまな条件，状況をもとに生活家電を自動制御し，エネルギーの使用量をコントロールして省エネを実現する仕組みが定義されている。

演習問題 9

【1】全てを取りまとめるネットワークとして，IP ネットワークが用いられる理由を説明しなさい。

【2】ホームネットワークアーキテクチャーを導入する利点について，「シームレス」という単語を使って説明しなさい。

【3】プロトコルが異なるネットワークどうしをつなぐゲートウェイの働きについて説明しなさい。

【4】ネットワークでプラグアンドプレイを実現する利点について説明しなさい。

【5】DLNA や ECHONET Lite といった機器どうしを連携させるネットワークサービスを実現するために，機器の機能や提供されるサービスをあらかじめ規格として決めておく理由を考えなさい。

参考文献

丹 康雄：転機を迎えるホームネットワーク，パナソニック技報，Vol.56，No.1，pp. 4-9（2010）.

丹 康雄（監修），宅内情報通信・放送高度化フォーラム（編）：ユビキタス技術 ホームネットワークと情報家電，オーム社（2004）.

大村弘之：やさしいホーム ICT，電気通信協会（2011）.

浜田憲一郎：UPnP 入門，ブイツーソリューション（2008）.

アンドリュー・S・タネンバウム，デイビッド・J・ウエザロール（著），水野忠則，相田 仁，東野輝夫ほか（訳）：コンピュータネットワーク 第5版，日経 BP 社（2013）.

エコーネットコンソーシアム：エコーネット規格（一般公開），入手先〈http://www.echonet.gr.jp/spec/〉（参照 2015-03-16）.

杉村 博，笹川雄司，関家一雄，藤田裕之，一色正男：ECHONET Lite 入門―スマートハウスの通信技術を学ぼう！，オーム社（2016）.

10　近距離無線通信

《**目標＆ポイント**》 LAN よりも狭い範囲でネットワークを構築する近距離無線通信について学ぶ。コンピューターと周辺機器を接続する方法として，マスタースレーブ型の通信や，近距離通信の規格や種類について見る。その後，コンピューターと周辺機器を接続する無線 PAN として Bluetooth について学ぶ。クラシック Bluetooth と Bluetooth Low Energy の 2 種類について見る。また，非接触通信と呼ばれる短距離通信技術である NFC や TransferJet について学ぶ。
《**キーワード**》 PAN，Bluetooth，NFC，TransferJet，O2O

10.1　周辺機器をつなぐネットワーク

これまでに，有線や無線による LAN について学んできた。LAN よりも通信エリアの狭い近距離通信技術を使ったネットワークについて考えよう。

10.1.1　周辺機器との接続

第 2 章で学んだように，**PAN**（パン）（Personal Area Network）は，個人が使用する**周辺機器**をコンピューターに接続するネットワークであり，コンピューターの周りで用いられる。図 2.3 で見たように，無線 PAN は 10〜20m 程度の範囲で利用される。Bluetooth，赤外線リモコン，**IrDA**（アイアールディーエー）（Infrared Data Association）などの規格がある。有線 PAN であれば，**USB**（ユーエスビー）（Universal Serial Bus）などの規格がある。

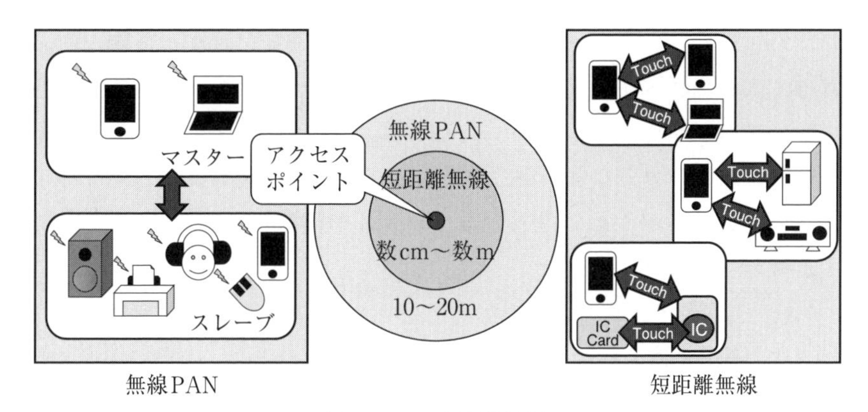

図10.1　近距離通信

周辺機器はコンピューターとは異なり，自律動作を行わないため，接続先のコンピューターにより制御を行う**マスタースレーブ**（master-slave）型の通信が用いられる。通信の形態は，アクセスポイントを必要としない，図8.5(b)アドホック型となる。通信の主導権を握り，相手を一方的に制御する**マスター**（master）と，マスターの制御により動作する**スレーブ**（slave）の組み合わせで構成される。マスター1台に対してスレーブ1台の場合もあるが，通信規格によっては1台のマスターに複数のスレーブが存在することもある。マスターを**ホスト**（host），スレーブを**デバイス**として捉えることもある。

無線PANは，図10.1に示すように数cm～数mの範囲で通信を行う短距離無線通信も含まれる。非接触通信とも呼ばれ，**NFC**（エヌエフシー）（Near Field Communication）や**TransferJet**（トランスファージェット）などの規格がある。駅の改札でICカードをタッチするように，通信を行う端末に内蔵されたアンテナどうしを近づけて通信を行う。ICカード，ICタグ，モバイル端末に内蔵・外付けされたリーダー・ライター（R/W，Reader/Writer），PCに取り付けられた外付けのリーダー・ライターなどとの間で通信を行う。工場の物品管理，入退出管理，コンピューターどうしのデータ交換や，家電などのネットワーク接続，カードリーダーとの通信などで用いられる。NFC を搭載したスピーカーなどの周辺機器やルーターも登場しており，モバイル端末を近づけることで周辺機器との接続や無線 LAN への接続を実現する機能もある。

10.1.2　通信規格の種類

次に，第 10 章で考える近距離無線通信の規格について考えよう。実効速度と通信距離で整理したものが図 10.2 である。**実効速度**（effective speed）は，規格上ではなく，実際に利用する際の通信速度である。

Wi-Fi は，これまで学んできた無線 LAN であり，図 8.5 (a) のように，主にアクセスポイントを用いて 100m 程度以内の通信エリアでの通信を実現する。データ通信を目的として用いられ，通信技術の工夫により高速化が図られている。一方で，無線 PAN は，通信規格が複数存在し，それぞれ得意分野が異なっている。

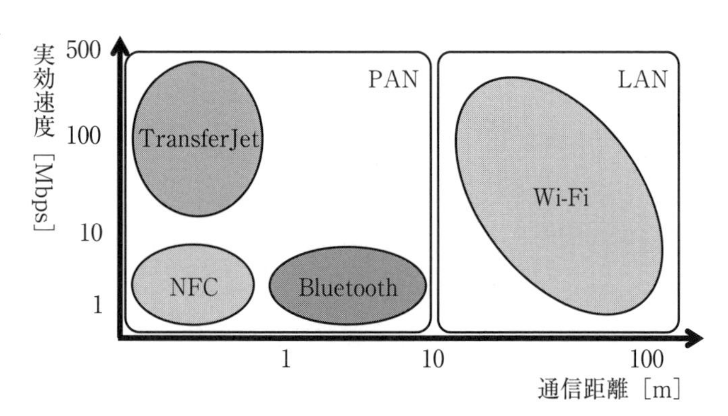

図 10.2　近距離無線通信の規格と種類

Bluetooth は，10m 程度以内の通信を担当する。性格の異なるさまざまな周辺機器に対応するため，用途に応じてプロトコルを切り替える仕組みを持つ。通信に必要とする電力は Wi-Fi に比べると低いが，通信速度は 1 Mbps（メガビーピーエス）程度と低速である。

NFC は，電車の改札や電子マネーの IC カードや，入館管理などで用いられる IC タグの通信技術から発展したデータ通信技術であるため，数 cm 程度の近距離で数百 kbps（キロビーピーエス）の低速通信が実現される。端末のリーダー・ライターどうしを近づけることをきっかけに通信が開始され，データ交換が実現される。

TransferJet は，PAN における高速通信を実現する規格である。実効速度は最大 375Mbps と高速であり，NFC と同様，アンテナどうしを近づけることで通信が開始され，データ交換が実現される。NFC や Bluetooth では，通信速度の面から電子書籍や音楽，動画などの大容量コンテンツをやりとりすることが困難であったが，TransferJet により端末間で短時間の転送が可能となる。

10.2　近距離無線通信

それでは次に，近距離無線通信について考えよう。

10.2.1　クラシック Bluetooth

クラシック Bluetooth（Classic Bluetooth）は，モバイル端末や PC など，広く用いられるようになった近距離無線通信規格である。10.2.2 で述べるバージョン 4.0 以降に含まれる Bluetooth Low Energy と区別するため，バージョン 3.0 以前の Bluetooth を表す言葉である。以下，クラシック Bluetooth を **Bluetooth** と表記する。

Bluetooth という名前は，10 世紀にノルウェーとデンマークを平和的に統一したハーラル青歯王にちなんでいる。現在，周辺機器を有線接続するインターフェースはUSBでほぼ統一されているが，従来のPCでは，プリンターやモデム，モニター，キーボード，マウスなど，周辺機器の種類ごとにコネクターが存在していた。Bluetoothは，通信規格が乱立せずにあらゆる周辺機器を無線で接続することを目的として，1994年にEricsson社によって開発された。仕様は，業界団体Bluetooth SIG[1]（Bluetooth Special Interest Group）によって1998年に策定されている。本書では，Bluetoothで接続される周辺機器をBluetooth機器と表記する。

Bluetoothの通信は，2402～2480MHzの電波を用いて行われる。図8.8で見た，2.4GHz帯の産業科学医療用バンドである**ISMバンド**（Industry Science Medical band）に含まれる周波数帯である。1 MHzの幅で79個のチャネルが存在し，周波数ホッピング方式（FHSS：Frequency Hopping Spread Spectrum）により通信が行われる。無線LANは端末どうしの通信で使う周波数帯がチャネルとして固定されるのに対し，Bluetoothは，0.625ms（milliseconds）という短い周期で一定のルールによりチャネルを切り替えながらデータ送信を行う。他の通信規格が用いる周波数帯と重なっても通信への影響が少なくなるようにする工夫である。

通信は，図10.3に示すように，ピコネットの単位で行われる。**ピコネット**（piconet）は，通信を行う最小単位であり，1台のマスター（M）と最大7台までのスレーブ（S）で構成される。例えば，PCにマウス，ヘッドセット，モバイルルーターをBluetoothでPCと接続する場合，PCがマスター，他のBluetooth機器はスレーブとなる。PCどうしや，スマートフォンどうしの接続であっても，どちらかがマスターとなり，他方がスレーブとなる。マスターはスレーブの通信を管理する。

マスターとして動作する端末は，他のピコネットのスレーブとしての動作も可能である。図10.3のピコネットAのマスターと，Bのマスター

1）https://www.bluetooth.org/

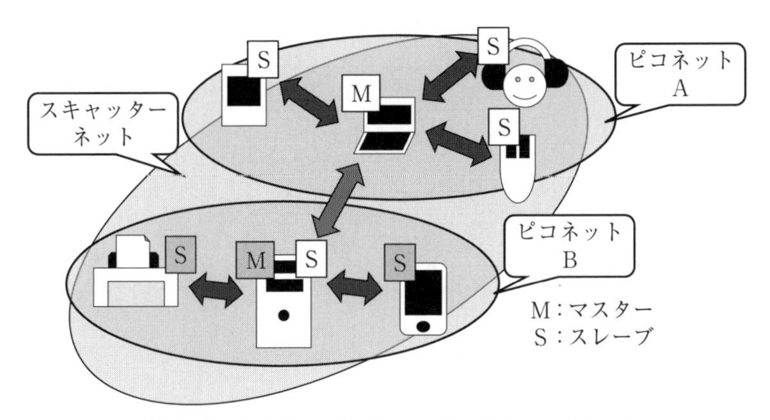

図10.3　クラシック Bluetooth のネットワーク

がAのスレーブとして接続されると，AとBが組み合わされたネットワークとなる。**スキャッターネット**（scatternet）と呼ばれる。

Bluetoothは，端末とBluetooth機器の間で通信を開始する前に，**ペアリング**（pairing）が必要になる。通信相手を特定して認証を行う作業であり，一度実施して端末に認証情報の登録が行われると，端末によっては自動接続も可能になる。有線接続におけるケーブルをつなぐ作業に似ている。

Bluetoothのバージョンと通信速度について考えよう。バージョン1.xはBR（ビーアール）（Basic Rate）と呼ばれ，1 Mbpsの通信速度が実現されている。バージョン2.0は2004年に登場し，最大通信速度3 MbpsのEDR（イーディーアール）（Enhanced Data Rate）がオプション規格として追加された。その後，最大通信速度24Mbpsを実現したバージョン3.0のオプション規格であるHS（エイチエス）（High Speed）が2009年に登場した。図10.4にある第1-2層に相当する機能を無線LAN規格IEEE802.11gのものを使って実現する。オプション規格の実装は必須ではないため，バージョン3.0に対応した端末であっ

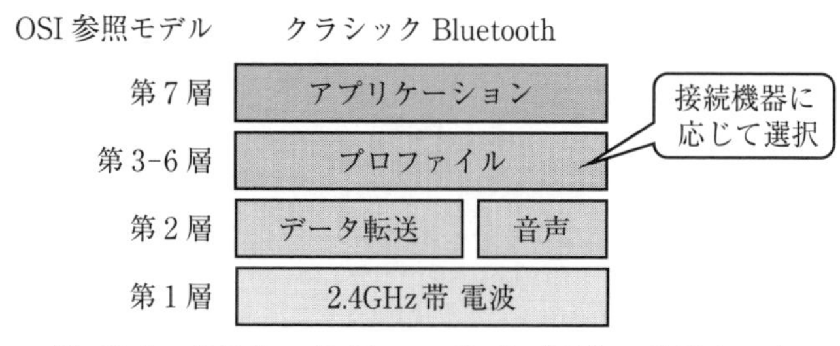

図 10.4　クラシック Bluetooth のプロトコルスタック

ても，HS に対応しないものもある。

Bluetooth はさまざまな用途の通信に対応するため，接続する周辺機器の種類に応じてプロトコルを切り替える**プロファイル**（profile）と呼ばれる仕組みを持つ。図 10.4 にあるように，OSI 参照モデルの第 3-6 層に相当する。接続する Bluetooth 機器に必要となるプロトコルが種類別に集まったものであり，通信では，接続する Bluetooth 機器に対応したプロファイルが選択される。第 2 層は，データ転送用と音声用で異なるプロトコルが用意されており，プロファイルによって使い分けられている。

基本プロファイルとして，Bluetooth 機器を発見し，端末と Bluetooth 機器の接続を行うための GAP（Generic Access Profile），Bluetooth 機器が持つサービスを探索する SDAP（Service Discovery Application Profile），Bluetooth 機器とシリアルポートによる接続を実現する SPP（Serial Port Profile）がある。このほか，ヘッドセットと通信を行うための HSP（Headset Profile），オーディオデータ転送用の A2DP（Advanced Audio Distribution Profile），ネットワーク接続のために用いる PAN（Personal Area Networking Profile），キーボードやマウスなどとの接続で用いる HID（Human Interface Device Profile）などがある。

Bluetooth 機器をコンピューターと接続して利用するには，マスターとスレーブの双方に，対応したプロファイルが必要となる。プロファイルは，必須とオプションの2種類があるため，利用の際にはBluetooth機器に対応したプロファイルがコンピューター側に存在するか確認が必要である。

10.2.2 Bluetooth Low Energy

次に，Bluetooth Low Energyについて考えよう。**Bluetooth Low Energy**は，**Bluetooth LE**(エルイー)や**BLE**(ビーエルイー)とも呼ばれ，2009年12月17日にBluetoothバージョン4.0にて規格化された。クラシックBluetoothと区別されているのは，2006年にNokiaから発表されたWibree(ワイブリー)という通信規格がもとになっており，互換性がないためである。クラシックBluetoothと同様，周波数ホッピング方式により通信が行われるが，チャネル数が79から2 MHz幅の40になった。通信速度は1 MbpsとBluetooth BRと同等であるが，コイン電池1個で1年以上持つなど，従来よりもさらに低消費電力が実現されている。ペアリングがオプションとなり，規格上は接続できるBluetooth機器の数の制限もなく，クラシックBluetoothで利用される音声通信よりも，センサーとの通信や図10.5のような電子タグの接続に適した規格である。Bluetooth機器への対応も，クラシックBluetoothと同様にプロファイルを用いて行う。

図10.5　Bluetooth LEタグ

通信方式の違いから，N：1 の通信を実現するアドバタイジング・ブロードキャスト（advertising broadcast）に対応するため，情報を伝達するために用いることができる。例えば，アドバタイジング・ブロードキャストを発信する専用のビーコン端末を設置すると，スマートフォンなど Bluetooth LE に対応した端末は，電波を受信できるエリアに入ることでビーコンの電波が受信できるようになる。受信した電波に含まれる ID を解析すると発信元の識別ができるため，店舗付近や観光地などで，通りかかると端末に情報を提供するような利用が可能となる。この場合，店舗のクーポン配布や，情報をプッシュ配信するといったビーコン端末の ID を紐付けた**アプリ**を，利用者が使う Bluetooth LE に対応した端末にインストールしてもらうことが必要になる。このように，Bluetooth LE を用いて位置情報を活用する機能を **iBeacon**（アイビーコン）という。

ビーコン端末からの電波の強さを計測できるため，複数のビーコン端末から発せられる電波の強さから端末の位置を推測することが可能である。地下や店舗など **GNSS** の電波が届きにくい場所での位置検出に応用することができる。このほか，ビーコン端末だけでなく，Bluetooth 機器との電波強度も測定できる。図 10.5 のタグと，登録した PC やモバイル端末との電波強度も測定できるため，タグが登録された端末との間の距離を推測することも可能である。図 10.5 のタグと登録した端末による着席管理や，離れるとロック，近づくと解除するような PC 利用制限，離れたら警告を行うといった鍵の紛失管理対策などへの応用が考えられている。

Bluetooth LE は，2013年12月に **IoT**（アイオーティー）（Internet of Things），**IPv6**（アイピーブイシックス）（IP version 6）への対応などを盛り込んだバージョン 4.1，2014 年 12 月にセキュリティー強化や通信速度の高速化，IoT のための接続性強化などが行われたバージョン 4.2 の仕様が発表されている。ハードウエアは 4.0

と共通であり，ソフトウエア更新で対応できるようになっている。IPv6については，15.2で学ぶ。

2016年12月には，Bluetooth 5.0，Bluetooth Core Specication v5.0（Bluetoothコア仕様バージョン5.0）がBluetooth SIGより発表された。Bluetooth 4.xまでと同様に低消費電力を維持しつつ，Bluetooth LEにおいてはIoT関連機能の強化を目指した仕様の追加や改良が行われている。仕様の改良としては，物理層の見直しによって従来の1 Mbpsに加えて2倍の2 Mbpsが追加されただけでなく，500kbps（1/2），125kbps（1/8）という低速モードも追加され，125kbpsでは到達距離は約4倍となった。

そして，Bluetooth Meshと呼ばれる**メッシュ型**（mesh）の通信にも対応する。従来は機器どうしが通信できる範囲内の利用となっていたが，メッシュ型はネットワークを構成する機器によるデータ中継が行われるため，ネットワークを構成する機器の範囲内であれば遠方へのデータ送信も可能となり，付近に存在する機器のデータ中継によってネットワークへの機器の追加や通信が実現するなど，ネットワークの利便性も向上する。このほか，従来の8倍にブロードキャスト通信の容量拡大が行われており，URL認証やさまざまな情報サービスへの展開が期待されている。

Bluetooth LEはクラシックBluetoothとは異なるため，互換性に注意が必要である。クラシックBluetoothでは，**上位互換性**（upper compatible）によって古いバージョンのBluetooth機器にも対応できていたが，Bluetooth LEは全く別の規格であるため，クラシックBluetoothとは接続できない。このため，マスターとなるPCやモバイル端末は，図10.6のように，デュアルモードというクラシックBluetoothとBluetooth LEの両方の機能を搭載することで対応する。

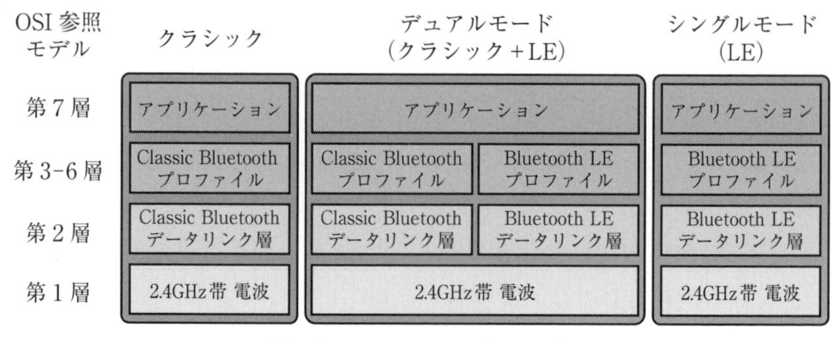

図 10.6　Bluetooth のモード

10.2.3　NFC

NFC（Near Field Communication）は，2.4GHz 帯とは別の周波数帯に位置する **ISM バンド**である 13.56MHz 帯を用いた近距離無線通信技術である。通信距離は 10cm 程度であり，通信速度は 106/212/424/848kbps である。非接触 IC カードの国際規格 ISO（アイエスオー） 14443 type A，type B，FeliCa（フェリカ）といった 3 種類の通信方式と互換性を持つ。

type A 規格は MIFARE（マイフェア）とも呼ばれ，成人識別 IC カード（taspo），クレジットカード，交通系カードなどで用いられている。type B 規格は，住民基本台帳カード，運転免許証，パスポート，クレジットカードなどに用いられている。FeliCa は電車などの交通系カードや，電子マネーなどに用いられている。

NFC は，IC カードのほかに，図 10.7 にあるような，IC カード型，キーホルダー型，シール型など，さまざまな形をした NFC タグも用いられる。IC チップが搭載されており，カードリーダー／ライターを使って，情報の読み書きができる。読み書きできる容量は，32byte（バイト）程度～4 Kbyte（キロバイト）程度とタグにより異なる。

NFC のカードリーダー／ライターは，モバイル端末に搭載されるよう

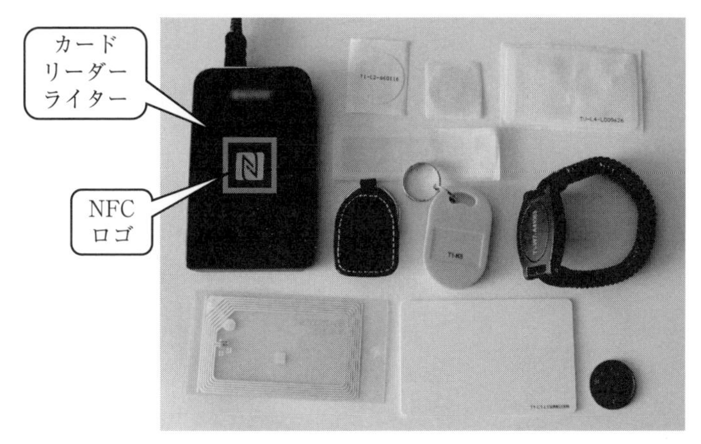

図10.7　NFCタグとカードリーダー／ライター

になった。NFCを搭載したモバイル端末は，図10.8のように，アンテナ位置がロゴマークで示されており，タグやNFC対応端末のアンテナ位置を近づけることで通信が開始される。

端末に搭載されるNFC機能について考えよう。NFCは，(A)カードエミュレーション（card emulation），(B)リーダー／ライター（R/W, Reader/Writer），(C)端末間通信（**P2P**（ピーツーピー）：Peer-to-Peer）という3種類のモードがある。

(A)カードエミュレーションは，搭載された端末がICカードやタグとして振る舞うモードである。電子マネーによる支払い，ポイントカードや，コンサートなどのイベントのチケットなどで利用される。

(B)リーダー／ライターは，NFCタグやカードの情報を読み書きするモードである。対応したアプリを入れることで，タグの読み書きが可能になる。タグを端末に近づけるとNFC搭載端末のアプリに**イベント**（event）が発生する。イベントの通知をきっかけとしてタグに含まれる

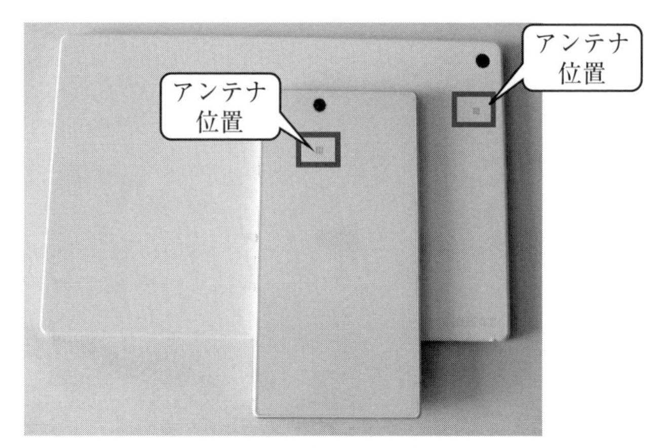

図 10.8　モバイル端末に搭載された NFC

URL（Uniform Resource Locator）などを読み取り，Web サイト表示や，音量や Wi-Fi の設定変更，Bluetooth 機器とのペアリングや接続，接続解除などを実現する。このことを利用し，URL などの情報を書き込んだタグを名刺代わりに渡す使い方も可能となっている。

(C) 端末間通信は，NFC を搭載する端末どうしで情報を交換するモードである。従来，赤外線通信で交換していたメールアドレスの交換や，データのやりとりが実現される。このほか，NFC を使って家電やセンサーとスマートフォンを通信し，インターネットでのデータ分析や家電設定に利用する方法が考えられている。無線 LAN や有線 LAN ではネットワーク設定が必要となるが，NFC では，アプリのインストールが必要になるものの，スマートフォンを近づけるだけで通信できる利点がある。また，スマートフォンに搭載された通信機能を用いてインターネットとの通信も可能である。

10.2.4　TransferJet

TransferJet（トランスファージェット）は，数cmという短距離で通信を実現する規格である。4480MHzを中心とした4200～4760MHzの周波数帯を用いる近距離無線通信である。NFCの端末間通信と同様，通信を行いたい端末に接続したアダプターのアンテナどうしをかざしてデータのやりとりを行う。

TransferJetは，図10.9のように，通信を行うPCやモバイル端末などの端末にアダプターを接続し，ドライバーや対応アプリをインストールして利用する。アダプターは，microUSB（マイクロユーエスビー）やUSBのコネクターを持つものがあり，通信を行いたい端末に応じて選択する。

OSI参照モデルで考えると，第3層が存在しない通信である。複数の通信相手が存在し，ネットワークをまたぐことがある通信とは異なり，アンテナをかざして通信相手の特定を行うため，データ送信の相手を特定するアドレスが不要になるためである。

2019年現在，TransferJetコンソーシアムでは，次世代規格としてTransferJet Xの策定を進めている。基本となる技術は2017年6月に国

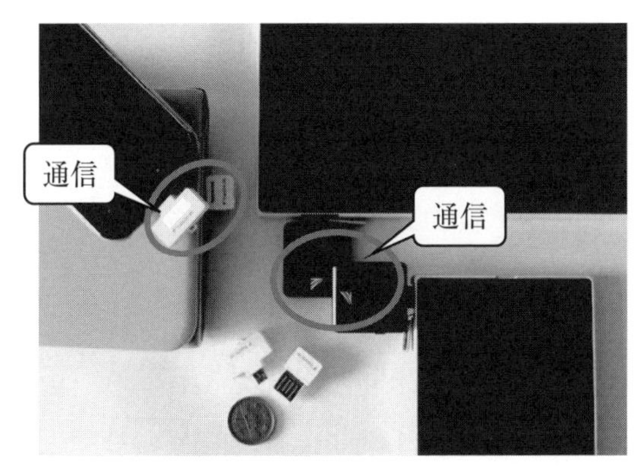

図10.9　TransferJetアダプター

際標準規格化された近接無線通信規格であるIEEE802.15.3eであり，2018年春に国際電気通信連合無線通信部門（ITU-R：International Telecommunication Union Radiocommunication sector）によるRecommendation（勧告書）M.2003-2が発行された。ミリ波と呼ばれる60GHz帯の高い周波数を用い，10Gbpsという超高速通信を実現する。瞬時に通信が行われるよう，通信開始のための接続に要するのは2 msec以下とごく短時間となっている。改札ゲートなどに設置することで，短い処理時間であってもさまざまなコンテンツで構成された大容量データの受け渡しが可能となる。教材や，イベントプログラムの受け渡しなどへの応用に期待される。

10.3　近距離無線通信の活用

近距離無線通信の規格について学んできたことを踏まえ，サービスへの活用について考えよう。

10.3.1　通信規格を組み合わせた利用

通信規格は，図10.2で見たように，それぞれ得意分野を持つため，複数の通信規格を組み合わせてアプリケーションレベルで互換性を保ち，目的とするサービスを実現する**相互運用性**（interoperability）を持たせることが多い。

モバイル端末は，NFC機能の搭載が進んでおり，従来から利用されているおサイフケータイや電子マネーの延長として，ポイントカードや電子マネーとしての利用が行われている。一方で，タグによって端末の動作を変更することも可能である。利用者が端末をタグにタッチすることでWi-Fiの接続設定や，NFC搭載スピーカーなどBluetoothを搭載する周辺機器との接続や切断を行うことが可能となる。つまり，連携させたい周辺機器に特定の機能を実現するタグを付け，必要なときに端末で読み取るだけで，Wi-Fi や Bluetooth のネットワークへの接続や，周辺機器との連携をスムーズに実現できる。NFC は，Wi-Fi や Bluetooth といったネットワークを使いやすくして，モバイル端末と周辺機器をつなぐ橋渡しとして用いられるようになりつつある。

また，TransferJet は，数 cm という短距離で高速通信を実現する技術であるが，単独ではデータ交換の機能のみを持つ。NFC の電子マネー機能と組み合わせると，課金を行うことが可能となるため，コンテンツ購入手段として用いることができる。動画や音声，電子書籍などの大容量コンテンツを，利用者が家で操作するインターネットを介したダウンロード購入ではなく，実店舗の専用端末によるその場での購入などに応用できる。TransferJet が持たない機能を NFC で補うことで実現されるサービスである。

10.3.2　Wi-Fi Direct

無線 LAN は，8.2.1 でインフラストラクチャーモードとアドホックモードによる通信があることを学んだ。インフラストラクチャーモードの通信は，全ての端末が対応するもののアクセスポイントが必要となる。一方，アドホックモードはアクセスポイントは不要であるものの，スマートフォンなど対応していない端末も多く，利用できない場合もある。

Wi-Fi Direct（ワイファイ ダイレクト）は，カメラやプリンター，PC，スピーカーなど，Wi-Fi に対応した周辺機器をスマートフォンなどと一時的に接続して利用したい場合などに，アクセスポイントを使わず接続することを可能にする機能である。プリンターやスピーカーなど，Wi-Fi Direct に対応した周辺機器がアクセスポイントとして動作し，PC やモバイル端末などを接続して利用できる。8.3.1 で見た，Wi-Fi Alliance によって策定された仕様である。

無線PANの通信速度は一般的に低速であるが，アクセスポイントが不要という特徴がある。Wi-Fi Directは，Wi-Fiによる高速通信を実現しながら，無線PANと同様の形態での通信を実現したものと考えることができる。

10.3.3 オンラインとオフラインの接続

図1.3で見た，実世界と仮想世界をつなぐことを考えると，近距離通信は，実世界で最も身近なネットワークと捉えることができる。特に，NFCやTransferJet，iBeaconは，**SNS**（Social Networking Service）など仮想世界で活動した情報を実世界に反映したり，駅や店舗などのポスターに付けられたNFCタグなどから情報を読み取り，仮想世界の活動に反映することが可能となるなど，実世界と仮想世界の動作を密接につなぐ技術といえるだろう。駅や商店街に設置されたディスプレーやプロジェクターなどを使って映像や情報を表示するデジタルサイネージ（digital signage）との連携，店舗やイベント会場でのクーポンの配布，災害時の避難場所，周辺の公共施設，店舗などの情報を提供する道案内，介護や医療の情報管理，家計簿といった生活情報の管理など，多種多様な分野での展開が期待できる。オンライン（仮想世界）とオフライン（実世界）の活動が連携しあったり，オンライン上での活動が実世界の活動に影響を及ぼす，**O2O**（Online to Offline）と呼ばれる利用である。

演習問題 10

【1】Bluetooth と Wi-Fi の違いを説明しなさい。

【2】Bluetooth はペアリングができても通信できないことがある理由を説明しなさい。

【3】スマートフォンに NFC の搭載が進むようになった理由を考えなさい。

【4】クラシック Bluetooth と Bluetooth Low Energy の使い分けについて説明しなさい。

【5】Wi-Fi Direct と Bluetooth の違いを説明しなさい。

参考文献

アンドリュー・S・タネンバウム，デイビッド・J・ウエザロール（著），水野忠則，相田 仁，東野輝夫ほか（訳）：コンピュータネットワーク 第 5 版，日経 BP 社（2013）.

西村泰洋：RFID＋IC タグ システム導入・構築 標準講座，翔泳社（2006）.

鄭 立：Bluetooth LE 入門―スマホにつながる低消費電力無線センサの開発をはじめよう，秀和システム（2014）.

Bluetooth SIG：Bluetooth meshネットワーク，入手先〈https://www.bluetooth.com/ja-jp/bluetooth-technology/topology-options/le-mesh/mesh-tech〉（参照 2019-03-19）.

宇佐美光雄，山田 純：ユビキタス技術 IC タグ，オーム社（2005）.

根日屋英之，小川真紀：ユビキタス無線ディバイス―IC カード・RF タグ・UWB・ZigBee・可視光通信・技術動向，東京電機大学出版局（2005）.

ジミー・シェフラー（著），NTT デジタルサイネージビジネス研究会（訳）：デジタルサイネージ入門―世界の先進事例に学ぶビジネス成功の条件，東京電機大学出版局（2011）.

松浦由美子：O2O、ビッグデータでお客を呼び込め！，平凡社（2014）.

11　モノをつなぐネットワーク

《**目標&ポイント**》 モノとモノをつなぐネットワークとして，M2M について学ぶ。ネットワークの利用主体について整理し，IoT との関連を考えた後，M2M アーキテクチャーについて学ぶ。その後，M2M 型の通信や省電力広域無線通信技術（LPWA）について学んだ後，HEMS で用いられるスマートメーターの通信を例に，M2M による通信について学ぶ。そして，IoT やユビキタスコンピューティングを実現するために，実世界の情報を反映するために用いられるセンサーについて紹介し，センサーの利用やセンサーをつなぐネットワークである ZigBee や Z-Wave について考える。
《**キーワード**》 M2M，IoT，HEMS，センサー，LPWA，ZigBee，Z-Wave

11.1　モノをつなぐアーキテクチャー

これまで，通信規格やコンピューターの利用形態について学んできた。第 11 章では，モノをつなぐネットワークを考える上で基本となる通信の形態や，アーキテクチャーについて考えよう。

11.1.1　ネットワークの利用主体

コンピューターだけではなく，センサー，機械，モノといったさまざまな機器がインターネットに接続されるようになった。PC やモバイル端末など人間が操作して動作する機器，センサーなど自律的に動作して通信を行う機器など，接続される機器は多種多様である。

通信について整理しよう。人間が介在する通信を H (Human)，人間が介在せず，自律動作する機器による通信を M（Machine）と表記すると，H2H，H2M または M2H，M2M の 3 種類に分類される。

H2H（エイチツーエイチ）（Human to Human）は，人間どうしをつなぐ通信である。電話網を使った通話やビデオ会議システムのような通信である。**H2M**（エイチツーエム）（Human to Machine），**M2H**（エムツーエイチ）（Machine to Human）は，人間と機器の間で行われる通信である。メーラーや Web ブラウザーの利用など，人間がコンピューターの操作を行うことで発生するサーバーとのやりとりや，サーバーから人間に行われる通知などである。**M2M**（エムツーエム）（Machine to Machine）は，人間が介入することなく，自律的に動作する機器どうしが行う通信である。9.3.3 で学んだ **ECHONET Lite** のスマートメーターやガスメーターと，エネルギー利用を管理するエネルギーモニターとの通信などが該当する。

11.1.2　M2M と IoT

M2M は，機器と機器が人間を介在させずにやりとりするシステムで行われる通信である。ネットワークに接続された自律的に動作するセンサーや機器などが協調して動作するような，人間の対応を伴わない通信である。6.2.3 のユビキタスコンピューティングや，6.1.2 のクラウドコンピューティングなどで，私たちが気づかない間に行われる通信ともいえる。9.3.3 で見たスマートハウスを支える通信のように，高度情報化社会を実現する社会基盤となる情報のやりとりである。

M2M を発展させた概念として，「**モノのインターネット**」といわれる **IoT** がある。M2M は IoT のサブセット（subset，部分集合）として考えることができる。M2M だけでなく人間が介在する通信も含まれ，全てのモノがインターネットにつながり，モノどうしがやりとりして価値を生み出すという幅広い概念を持つ。人間が何らかの情報を判断するとき，

M2M で通信されるセンサーなど客観的な情報も必要になる。人間を含むさまざまなモノの状況をネットワークの仮想世界に反映させて分析し，実世界に対して新しい価値を生み出すことを目指したものが IoT である。図 1.3 で見た実世界と仮想世界を強力につなぐ仕組みである。

コンピューター処理は，クラウドコンピューティングで学んだ，ネットワーク上に多数存在する仮想マシンの力を借りて行う。M2M や IoT で得られた情報の蓄積や分析が可能となるため，6.2.3 で見たユビキタスコンピューティングにおける，**コンテキストアウェアネス**（context awareness）の分析をより強力に推し進めたものになる。特定用途に閉じた利用だけでなく，得られたデータは**クラウド**（cloud）上で異種のデータと組み合わせた分析も可能となるため，新しい可能性を求めてさまざまなシステムやサービスの構築が試みられている。

11.1.3 M2M アーキテクチャー

次に，M2M を実現する M2M アーキテクチャーについて図 11.1 を見ながら考えよう。通信で用いられるネットワークそのものは，これまでに学んできた既存の通信規格の組み合わせにより実現される。システムとしては，ある特定の用途に特化した垂直統合型ではなく，幅広い用途に対応できるよう汎用性が高められた水平統合型が主流である。目的の用途向けの**アプリケーション**を開発するだけで，基本的なプラットフォームを変更することなくサービスが実現できるように工夫されている。

M2M アーキテクチャーは，大きく分けて 4 つの階層で構成されている。下の層から，センサーや機器そのものであるデバイス，デバイスを WAN に接続するゲートウェイを含む (A) デバイス・ゲートウェイ，WAN を構成する (B) アクセス・コアネットワーク，M2M の機能を実現し，アプリ

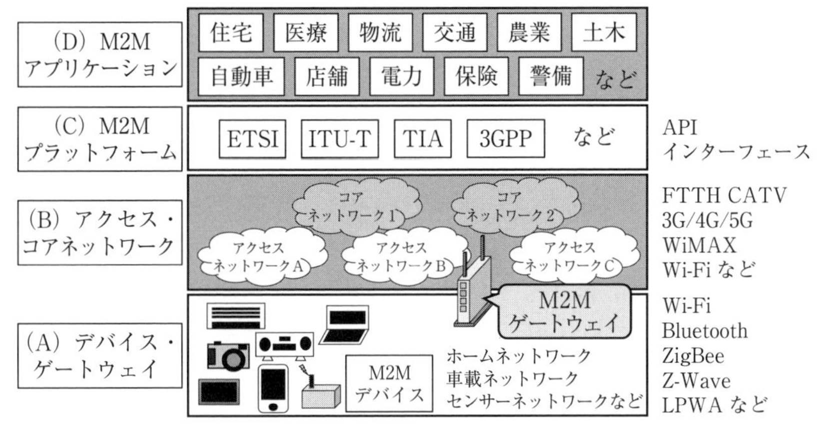

図 11.1　M2M のアーキテクチャー

ケーションに必要な機能を提供する（C）M2M プラットフォーム，M2M によるサービスを提供する（D）M2M アプリケーションからなる。それぞれの階層について考えよう。

(A)　デバイス・ゲートウェイ

デバイスは，センサーやアクチュエーターなどの機器である。M2M で用いられるデバイスは，**M2M デバイス**（M2M device）と呼ばれる。ネットワークへの接続は，無線 WAN/MAN である 3G（スリージー），4G（フォージー），5G（ファイブジー）などの**携帯電話通信網**（mobile communication network，移動体通信網）や，**WiMAX** などのアクセスネットワークに M2M デバイスを直接接続する形態と，M2M デバイスが存在するエリアに構築された **M2M エリアネットワーク**（M2M area network）にいったん接続し，ゲートウェイを介してアクセスネットワークに接続する形態がある。M2M エリアネットワークは，家庭内 LAN や**ホームネットワーク**，**車載ネットワーク**，センサーネットワークなどである。

M2M エリアネットワークは，デバイスによりさまざまな通信規格が用いられる。PC やスマートフォンなどは，通信速度を優先して **Wi-Fi** が用いられることが多い。一方で，センサーやアクチュエーターなど，低消費電力性や機器特有の通信を重視する機器は，**Bluetooth** や **ZigBee**，**Z-Wave** といった近距離無線通信や，**省電力広域無線通信技術**（**LPWA**：Low Power, Wide Area）が用いられる。家電などでは有線 LAN や無線 LAN 以外に，**電力線通信**（**PLC**：Power Line Communication）などが用いられる。M2M といっても特別に構築されるネットワークではなく，既存の技術が用いられる。

(B) アクセス・コアネットワーク

アクセス・コアネットワークは，M2M として新たに定義されるものではなく，2.3.3 で学んだアクセスネットワークとコアネットワークに対応する。**アクセスネットワーク**（access network）は，コンピューターを WAN に接続するネットワークであり，モバイル端末を WAN に接続するために用いる WiMAX や携帯電話通信網といった無線ネットワークや，光ファイバーによる通信回線を家庭に引き込む **FTTH**（Fiber To The Home）や **CATV** などの有線ネットワークである。

デバイスをネットワークに接続する方法は，移動の有無や緊急時の利用など，接続するデバイスの利用形態を考慮して選択される。自動販売機のように，設置される環境が特定できず，有線ネットワーク接続が困難と想定されるデバイスは，移動での利用が考慮されていなくても無線 WAN/MAN が用いられることが多い。一方で，ホームネットワークに接続される機器は，ゲートウェイを介した FTTH や CATV などによる接続が適している。無線 LAN や有線 LAN に接続することで，第 9 章で学んだホームネットワークの機能も提供できるためである。

コアネットワーク（core network）は，**バックボーンネットワーク**（backbone network）であり，複数のネットワークが接続され，通信を中継するネットワークである。人間が介在して操作するコンピューターの通信とは性格が異なるM2Mによる機器間の通信を確実に行うには，接続される多数のデバイスを識別し，機器の性格に応じた通信を効率的に，そして，確実にさばくためのネットワーク機能が求められる。

(C) M2Mプラットフォーム

M2Mプラットフォーム（M2M platform）は，M2Mアプリケーションで用いる機能や，M2Mアプリケーション全般で利用する基本的な機能を提供する**API**（エーピーアイ）（Application Program Interface）や**インターフェース**の集まりである。M2Mアプリケーションからプラットフォームが提供する機能にアクセスする方法を取り決めた仕様である。アプリケーションからプラットフォームに指示を出すと，M2Mデバイスと通信を自動的に行い，サービスの実現に必要となる処理を行う。図6.5で見た，ミドルウエアに命令を出すとネットワーク上に分散しているコンピューターを自動的に取りまとめて結果を出すという，グリッドを構成するコンピューターへのアクセスと似ている。

第9章で学んだホームネットワーク機能の実現では，ネットワーク上で機器を組み合わせてサービスを実現していた。**DLNA**（ディーエルエヌエー）（Digital Living Network Alliance）は9.3.2で見たように機器の機能をデバイスクラスとしてあらかじめ規定し，機器の組み合わせによるサービスを実現している。ECHONET Liteも9.3.3で見たように，機器オブジェクトとして機器の機能をあらかじめ定義し，オブジェクトの組み合わせによるサービスを実現している。M2Mも同様であり，接続されるデバイスや，デバイスを使ったサービスの提供方法，通信方法の抽象化などを行って利用モデルを構築し，サービスを実現する。

国際標準仕様として，ETSI TC M2M[1]（European Telecommunica-

1)「イーティーエスアイ ティーシー エムツーエム」と読む。

tions Standards Institute Technical Committee M2M)，ITU-T IoT-GSI[2]（The Global Standards Initiative on Internet of Things)，TIA TR-50[3]，3GPP MTC[4]（3rd Generation Partnership Project Machine Type Communication）などがある。

M2M プラットフォームは，接続管理とサービス実現の 2 つの機能を持つ。**接続管理機能**（connectivity management）は，M2M デバイスとアプリケーション間の連携機能を提供する。接続される M2M デバイスの管理，デバイスとアプリケーションの間で行われる通信の量や間隔といった**トラフィック**（traffic）の管理や制御，課金，通信事業者間をまたいだ利用である**ローミング**（roaming）への対応を行う。**サービス実現機能**（service enablement）は，M2M サービス提供に関する機能を提供する。データ収集やデバイスの遠隔管理，認証などのセキュリティー管理やアクセス制御，収集したデータの分析やデータベースへの蓄積といった対応を行う。

(D) M2M アプリケーション

M2M アプリケーション（M2M application）は，M2M アーキテクチャーの最上位に位置する層である。6.1.2 で見た，クラウドコンピューティングに基づいて実現され，クラウド上で動作するアプリケーションとして構築されることが多い。住宅や医療，物流など，対象となるサービスに応じて構築され，M2M サービスを提供する事業者により提供される。

11.2 M2M 型の通信

それでは次に，M2M の通信について考えよう。

11.2.1 モノとモノの通信

M2M アプリケーションで求められる通信は，利用される機器によって異なる。M2M の通信の特徴として，(1) データ量，(2) QoS，(3) 時間特

2)「アイティーユーティー アイオーティー ジーエスアイ」と読む。
3)「ティーアイエー ティーアール フィフティ」と読む。
4)「スリージーピーピー エムティーシー」と読む。

性，(4) 通信の方向性という，4つの観点がある。

(1) データ量は，機器が送受信するデータ量のことである。例えば，センサーから送信される情報のデータ量はテキストであるため少ない。一方で，映像や音声といったコンテンツを取り扱う監視カメラやデジタルカメラのような機器のデータ量は多い。利用する機器が送信するデータ量を考慮し，データ転送に耐え得る通信回線の準備が必要となる。

(2) **QoS**（キューオーエス）（Quality of Service）は，通信品質保証のことである。他の通信が行われている中で，ある機器で行われている通信の優先度を高めたり，他の通信に影響されずに一定の通信速度を保った通信の実現を行うネットワーク機能である。2.3.2で学んだように，インターネット通信の基本は，通信回線の混雑状況の影響を受けるベストエフォート型の通信である。通信速度の理論的な最大値は示されるが，実際の通信速度を示すことはできない。

M2Mは，確実な通信を実現するため，通常の通信では行われない通信品質保証への考慮が必要となる。M2Mの通信は，センサーのように一定間隔で定期的に行われる通信もあれば，監視カメラの映像のように送信されるデータ量が多く，利用中はデータを流し続ける通信もある。つまり，利用する機器の通信パターンに対応し，通信回線がどんなに混雑していても，確実に通信できることが求められる。例えば，センサーであれば，データ送信の締め切りまでに通信を確実に完了させる仕組みが必要になる。データ量そのものは小さいため，通信を行うタイミングにエラーが発生した場合は，再送などにより対応する。また，監視カメラからの映像を送信する通信では，時々刻々と変化する映像を確実に送信するため，他の通信の影響を受けないよう，映像を流すために最低通信速度が保証された通信回線を利用することが求められる。通信回線の状況を監視して，通信品質保証を実現するのがQoS機能である。

(3) 時間特性は，いつデータを送信するかである。例えば，センサーで情報を取得した後，即時にデータを送信するのか，送信する時間帯を決めて送信まで蓄えておくのか，一定時間送信を遅らせてよいのかなどである。特にリアルタイム動作を重視するアプリケーションでは，5.1.2 で見たように，制限時間内に通信を完了させることが求められる。

監視カメラであれば，必要なときに映像が得られ，映像が遅延しない通信回線が求められる。一方で，緊急度が低いセンサーのデータであれば，計測データを取りまとめ，通信の混雑が少ない時間帯を狙って 1 日おきに送信することも考えられる。機器から得られるデータに優先度を付け，通信品質を考慮しながら目的の機器にあった通信回線の準備が求められる。

(4) 通信の方向性は，通信を開始するきっかけがデバイス側にあるのか，プラットフォーム側にあるのかどうかである。通信路確立に影響する。LAN から WAN に存在する機器への接続よりも，WAN から LAN に存在する機器への接続は困難であることが多い。LAN に接続された機器は，**プライベートアドレス**（private address）を用いることが多く，ルーターの **NAPT**（ナプト）（Network Address Port Translation，IP マスカレード：IP masquerade）機能によって，**IP アドレス**，**ポート番号**（port number）の変更を行って WAN に接続されることが多いためである。このため，LAN から M2M プラットフォームへの接続により通信を開始する機器が多い。

M2M の通信では，ネットワーク導入時の利便性に着目して，無線ネットワークが用いられることも多い。携帯電話などモバイル端末の通信は，移動して利用されることが前提であったため，3G や 4G，5G などの**携帯電話通信網**は，移動する端末に必要となるネットワーク機能として，基地局の緯度・経度と電波強度に基づく位置の測位機能なども実装されている。移動しないM2Mデバイスの接続では不要な機能である。

通信で用いる基地局について考えると，モバイル端末の場合は移動とともに切り替わっていくため，通信が特定の基地局に偏ることは少ない。しかし，移動しないM2Mの機器による通信では，通信で利用される基地局が切り替えられることはないため，一定の通信帯域が占有されることになる。M2Mの機器が接続される基地局は，機器の動作で決められた通信を遂行する一定の通信が発生するためである。つまり，これまでのモバイル端末とは異なる通信特性を持ったM2Mの機器を接続するために，無線ネットワークは，M2Mの通信に適した機能の実装も必要になりつつある。

11.2.2　モノの通信とLPWA

モノをネットワークに接続する通信規格は，これまで学んできたようにいくつかある。しかしながら，大容量コンテンツを取り扱うダウンロード型の高速通信を実現するPCやスマートフォンとは異なる通信特性を持ったモノを大量に接続するには，従来のネットワークをそのまま用いると運用コストが高く，高速通信を実現するために消費電力も大きいことから対応が困難といえる。

ネットワークに接続されるようになった多種多様なモノの多くは，小容量のデータをクラウドにアップロードするセンサーや，クラウドからの指示をアクチュエーターに伝えるといった小容量データのやりとりのために通信を行う。ほとんどが取得した情報を数十分や数時間といった一定の間隔で送信するアップロードの通信特性となり，通信速度が低速でも十分対応できる。モノは電源の確保が困難となる工場や農場のような広い場所に離れて設置されることもあるために，バッテリーで数年にわたって継続して動作する省電力性も求められる。LANよりも広いエリアにおける通信が要求され，ネットワークに接続される数も多いことから，通信や運用に関するコストが低い通信が適することになる。

モノが要求する通信特性に対応するために，**省電力広域無線通信技術**（**LPWA**：Low Power, Wide Area）と呼ばれる通信が用いられるようになった。図 11.2 に示すように，速度は低速であるが消費電力を抑え，WAN である移動体通信と同様に広いエリアをカバーする通信である。なお，図にある BAN（Body Area Network）は，人体とその周辺における数メートルの範囲でデータをやりとりする通信距離の短い NFC のようなネットワークを意味する言葉である。

LPWA は，モノをネットワークに接続するいくつかの通信規格の総称である。移動体通信システムを用いて通信を実現するセルラー LPWA と，独自の方法を用いて通信を実現する非セルラー LPWA に分類できる。

セルラー LPWA は，携帯電話通信網を使って通信を実現する通信規格であり，NB-IoT や LTE-M などの規格がある。**NB-IoT**（Narrow Band IoT）では固定されて用いるモノを考慮し，高速通信や移動通信を

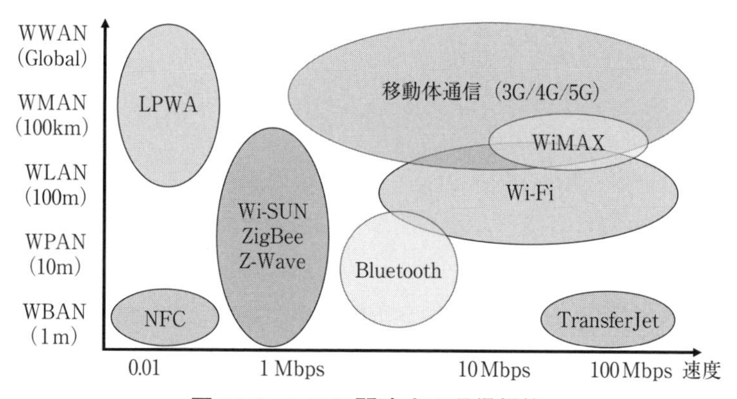

図 11.2　IoT に関連する通信規格

実現する機能を省くことで，通信の負荷を少なくして低コストを実現している。一方，LTE-M では高速で動くモノを考慮し，人や自動車など動くモノのトラッキングや位置検索などの用途に対応する。LTE-M は，LTE Cat.M1 とも呼ばれ，単に Cat.M1（カテゴリーエムワン）ともいう。

非セルラー LPWA は，免許が不要の周波数を使用するため，アンライセンス系 LPWA とも呼ばれる。**LoRa**（ローラ）（Long Range）や，**SIGFOX**（シグフォックス）などの規格がある。セルラー LPWA とは異なり，通信コストが不要であるため，農場や工場に設置される多数のセンサーやアクチュエーターの接続で用いられる。運用コストを考慮し，非セルラー LPWA で集めた情報をセルラー LPWA でインターネットに接続するという組み合わせも用いられる。

11.2.3　HEMS の例

次に，M2M による通信の例として，9.3.3 で学んだ **HEMS**（ヘムス）（Home Energy Management System）で用いられるスマートメーターの通信について，図 11.3 を見ながら考えよう。

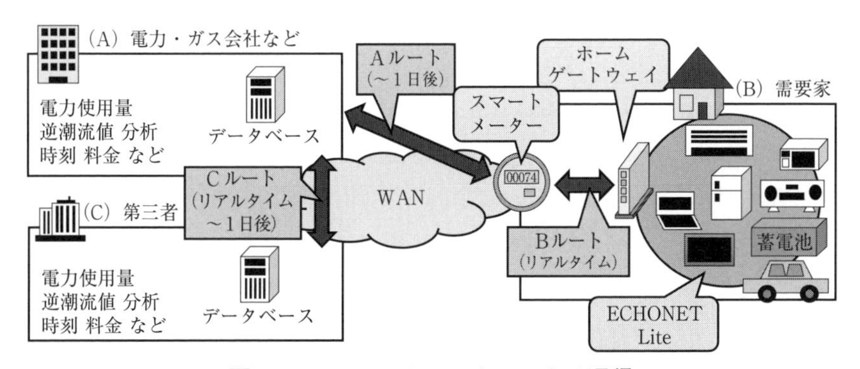

図 11.3　スマートメーターによる通信

スマートメーター（smart meter）は，需要家である私たちの家庭に設置される電力量計である。ネットワーク機能を持ち，毎月の検針業務の自動化や，電気使用状況の把握を可能にし，電気料金メニューの多様化や社会全体の省エネへの寄与などが期待されている。スマートメーターの通信は，A，B，C という 3 種類のルートがある。

A ルート（A route）は，スマートメーターと電力・ガス会社などを結ぶネットワークである。電力・ガス会社などに，MDMS（エムディーエムエス）（Meter Data Management System，メーターデータ管理システム）というシステムが設置されており，スマートメーターから収集したデータを送信し，管理するための通信である。電力使用量や逆潮流値の取得，時間によって料金体制を変動させる設定などが可能になる。地域の電力需要の状況に応じて料金設定を変更することで，需要家のピークカットやピークシフトを促進し，省エネなどにつなげることを目指している。データは 30 分間隔（ガスは 1 時間）の粒度で蓄えられ，随時，MDMS に送信される。電力・ガス会社などからの情報は，随時，または，遅くとも 1 日後に提供される。

B ルート（B route）は，スマートメーターと建物内を結ぶルートである。図 9.7 にある，家庭に置かれたエネルギーモニターを使って，需要家自身が電力使用状況などを確認するために用いる通信である。メーターと HEMS 対応機器が直接通信を行い，情報はリアルタイムに更新される。スマートメーターと HEMS 対応機器の間の通信は，920MHz 帯を用いた **Wi-SUN**（ワイサン）（Wireless Smart Utility Network）と呼ばれる通信規格などが用いられる。920MHz 帯は，2012 年 7 月より **ISM バンド**として割り当てられた周波数帯である。1 GHz 以下の周波数帯であるためサブギガ（sub-GHz）帯とも呼ばれ，915.9～929.7MHz という周波数の範囲を用いる。2.4GHz 帯よりも周波数が低いため，8.1.2 で学んだように，到達性が高いという特徴がある。家庭内のネットワークは，**HAN**（ハン）（Home Area Network）ということもある。

Cルート（C route）は，Aルートに置かれたMDMSを通じて，第三者がデータを取得するルートである。電力会社・ガス会社にとらわれない，節電サービスなどの提供を行うための通信として期待されている。CルートはAルートと同じく，随時，または，1日後に情報が提供される。

HEMSは，HANを用いた家庭内のエネルギー管理システムである。これをビルに適応したシステムは，**BEMS**（ベムス）（Building Energy Management System），工場に応用したシステムは，**FEMS**（フェムス）（Factory Energy Management System）という。HEMSやBEMS，FEMSといった複数のシステムが組み合わさり，地域内のエネルギーを管理するシステムを**CEMS**（セムス）（Cluster/Community Energy Management System）という。

11.3　センサーネットワーク

次に，センサーについて考えよう。

11.3.1　身近になったセンサー

センサーは，1.1.5でも見たように，目や耳などの五感に相当する。日常生活で用いられるセンサーについて考えよう。洗濯機や冷蔵庫，エアコン，ガス警報器など，ほとんどの生活家電は動作を制御するセンサーが搭載されている。また，血圧計や体重計，活動量計，体温計のように，身体に関する値の計測のために用いられるセンサーもある。これまではそれぞれがバラバラに存在していたが，**NFC**（Near Field Communication）やBluetooth，Wi-Fiを用いて，ネットワークへの接続が試みられるようになった。NFCによる通信は，NFC機能を搭載したスマートフォンをゲートウェイとして用いる。ネットワークを介して機器の設定を容易にするアプリケーションや，クラウド上でセンサーから得られた値を蓄積し，分析するアプリケーションなどが存在している。

一方で，モバイル端末は複数のセンサーが搭載されるようになった。顔が近づいたことを検出して画面の消灯を行う近接センサー，道案内のために位置や向いている方向を取得する **GNSS** や地磁気センサー，端末の動きを検出する加速度センサーや重力センサーなどである。端末そのものの使い勝手向上に用いられるほかにも，**アプリ**操作での利用や，M2M として周辺情報取得のために用いられる。スマートフォンは，人間が操作する端末であると同時に，センサー端末としての役割も持つ。

モバイル端末向けの OS である Android がサポートするセンサーは，表 11.1 に示す種類がある。あくまでも OS が対応するセンサーの種類であり，実際の端末に搭載されるセンサーではないことに注意が必要である。センサーは単体で用いられることは少なく，複数のセンサーを組み合わせて確実な情報が得られるように工夫される。センサー単体の情報

表 11.1　Android がサポートするセンサーの種類

種　類	機　能
位置	GNSS や電波強度による緯度・経度の測位
地磁気	磁場の検出によるコンパスの実現
圧力	圧力の検出による気圧のモニタリング
加速度	加速度によるシェイク操作などを検出
線形加速度	単一方向の加速度を検出
重力	重力変化によるシェイク操作などを検出
ジャイロ	角速度の検出による端末の回転を検出
回転ベクトル	回転ベクトルによる端末の向きを検出
照度	周囲の照度を検出
近接	顔の接近などの検出
温度	周囲の温度を検出
湿度	周囲の湿度を検出

だけでは，正しい値かノイズの影響を受けて得られた値かを判断できないためである。

11.3.2　ZigBee

それでは次に，センサーをつなぐ**センサーネットワーク**（sensor network）について，ZigBeeを例に考えよう。

ZigBee（ジグビー）は，日本においてはISMバンドである2.4GHz帯を用いて通信を行うセンサーやLED電球などの家電を接続するネットワークである。図11.4に示すセンサーが搭載されたノードや，他のネットワークに接続するゲートウェイなどから構成される。センサーノードは，測定したい対象に応じてセンサーが選択できるよう，センサー基板が交換可能である。通信速度は最大250kbpsとWi-Fiのように伝送速度は高速ではないが，ノードが長時間電池駆動できる低消費電力，低コストの実現，センサーの数が増えても対応できる仕組み，メーカーや機種が異なっても接続できる相互接続性が考慮された規格である。

ZigBeeのネットワークに接続されるデバイスは，コーディネーター，ルー

図11.4　センサーネットワーク

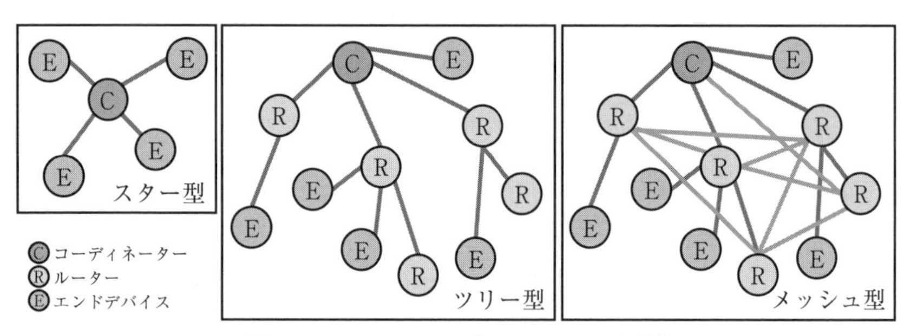

図 11.5　ZigBee のネットワーク形態

ター，エンドデバイスの 3 種類がある。**コーディネーター**（coordinator）は，ネットワークの確立や，接続される端末の管理を行う。ネットワークに 1 台必要である。**ルーター**（router）は，接続される端末であるエンドデバイスのネットワークへの参加やデータの中継を行う。ZigBee のルーターは，エンドデバイスと同様にセンサーの搭載も可能である。**エンドデバイス**（end device）は，センサーを搭載し，ルーターやコーディネーターへの通信機能のみを持つ端末である。

ネットワークの形態は，図 11.5 に示す 3 種類がある。**スター型**（star）は，コーディネーターとエンドデバイスで構成されるネットワークである。無線 LAN と同様の通信形態である。**ツリー型**（tree）は，コーディネーターにルーターやエンドデバイスが接続され，木の枝の形に構成されるネットワークである。**メッシュ型**（mesh）は，ルーターどうしが網目状に接続し，端末間で複数の通信路を構成するネットワークである。各端末は，データをバケツリレーのように中継して目的の通信を行う。障害が発生すると，他のルーターの中継に切り替えて再開し，通信を継続する機能を持つ。

11.3.3　Z-Wave

次に，**Z-Wave** について考えよう。Z-Wave は，開発当時に存在した通信規格よりも低コストで実現できるようにシンプルなプロトコルを策定して開発された。サブギガ帯である 920MHz 帯によるメッシュ型ネットワークの構築に対応し，コントローラー 1 台あたり，最大 232 台のデバイスが接続できる。メッシュ型ネットワークであるため，途中経路に存在するデバイスを経由した通信ができる。異なるメーカーの製品ともアプリケーションレベルで互換性を保つ**相互運用性**（interoperability）が高く，低価格でデバイスが提供されているため世界中で広く普及している。

演習問題 11

【1】M2M とは何か説明しなさい。また，IoT との関連について説明しなさい。

【2】M2M の通信特性にあったネットワーク機能とは何か説明しなさい。

【3】HEMS の A ルート，B ルート，C ルートの役割についてそれぞれ説明しなさい。

【4】複数のセンサーを組み合わせて情報を得る理由について，例を挙げながら説明しなさい。

【5】モノのネットワークへの接続のために，省電力広域無線通信技術（LPWA）が用いられるようになった理由について説明しなさい。

【6】センサーネットワークでメッシュ型ネットワークが用いられる理由について説明しなさい。

参考文献

藤田隆史，後藤良則，小池 新：M2M アーキテクチャと技術課題，電子情報通信学会誌，Vol.96，No.5，pp.305-312（2013）．
大宮知己，織毛直美：グローバルスタンダード最前線 M2M を取り巻く標準化動向，NTT 技術ジャーナル 2012.4，pp.63-66（2012）．
デビッド・ボスワーシック，オマル・エルーミ，オリビエ・エルサン（編），山崎德和，小林 中（訳）：M2M 基本技術書―ETSI 標準の理論と体系，リックテレコム（2013）．
ピーター・センメルハック（著），小林啓倫（訳）：ソーシャルマシン―M2M から IoT へ つながりが生む新ビジネス，KADOKAWA アスキー・メディアワークス（2014）．
根日屋英之，小川真紀：ユビキタス無線ディバイス―IC カード・RF タグ・UWB・ZigBee・可視光通信・技術動向，東京電機大学出版局（2005）．
鄭 立：ZigBee 開発ハンドブック，リックテレコム（2006）．
阪田史郎：ユビキタス技術 センサネットワーク，オーム社（2006）．
伊本貴士（監修・執筆）：IoT のすべてを網羅した決定版，日経 BP 社（2017）．
八子知礼（監修・著者）：IoT の基本・仕組み・重要事項が全部わかる教科書，SB クリエイティブ（2017）．
服部武，藤岡雅宣『5G 教科書―LTE/IoT から 5G まで』（インプレス，2018 年）．
稲田修一（監修）『M2M/IoT 教科書』（インプレス，2015 年）．
葉田善章：コンピュータ通信概論，放送大学教育振興会（2020）．

12 クラウド上のコンピューター

《**目標＆ポイント**》 クラウドコンピューティングでは，仮想化技術を用いてネットワークの中に仮想マシンと呼ばれるコンピューターが置かれる。そして，さまざまな情報を集約して解析を行い，利用者の端末で情報を利用する。コンピューターをネットワークに置くために必要となる仮想化技術や，提供されるサービスの構築や利用について学ぶ。仮想マシンを用いたサーバーやネットワークの構成について見るとともに，クラウドコンピューティングの形態について学ぶ。
《**キーワード**》 仮想化技術，計算機資源，仮想マシン，クラウドコンピューティング

12.1 コンピューターの仮想化

これまで，ホームネットワークや，モノをつなぐネットワークについて見てきた。第12章では，第6章で学んだコンピューターの利用形態を踏まえ，サービス提供や得られたデータの蓄積や分析で用いられる**クラウド**，つまり，ネットワークの中に存在するコンピューターについて考えよう。

12.1.1 計算機資源と仮想化

第4章において，コンピューターの仕組みについて学んだ。ハードウエアは，制御，演算，記憶，入力，出力という5種類の装置で構成されている。私たちの身近にあるPCやモバイル端末などは，ハードウエア

上で，ソフトウエアであるOSが動作しており，目的の動作を実現する**アプリケーション**が動作している。

一方，ネットワーク上でサービス提供を行うサーバーの構成はどうなっているだろうか。基本的な構成は私たちが使うPCと変わらないが，音楽再生などの不要な機能は省かれる一方で，搭載される**コア**が10以上のプロセッサーを用いたり，さまざまなネットワーク構成に対応するために複数の有線LANアダプターが搭載されるなど，ネットワークのサービス提供に特化した構成になっている。また，サービスが開始されると，メンテナンスを除き，電源は24時間ONの状態となる。ネットワークを介して利用できればよいため，人間の手元になくてもよい。このため，ネットワーク経由で管理を行うリモート管理を前提に，**ラックマウント**（rack mount）型や，**ブレード**（blade）型といった，コンピューターを高密度に設置するラックに適したきょう体が選択されることが多い。

多数のサーバーが集中して設置される建物は，**データセンター**（data center）という。コンピューターが多数設置されたラックが所狭しと設置されており，コンピューター動作に適した空調や電源などの環境が提供されている。さまざまな情報を扱うサーバーの物理的なセキュリティーの担保，集中管理によるメンテナンスのやりやすさなどが利点である。データセンターは，巨大な計算能力や記憶装置などのリソースを持ち，ネットワーク経由で利用できる。つまり，**計算機資源**（computer resource）が集まった場所と捉えることができる。

クラウドコンピューティングの普及や，データ解析，人工知能といった大量のデータを取り扱う計算機資源を必要とするIoTサービスの高度化とともに，世界各地にデータセンターが構築されるようになった。高度なサービスになるほど，各地に存在するデータセンターどうしの連携も複雑になっている。

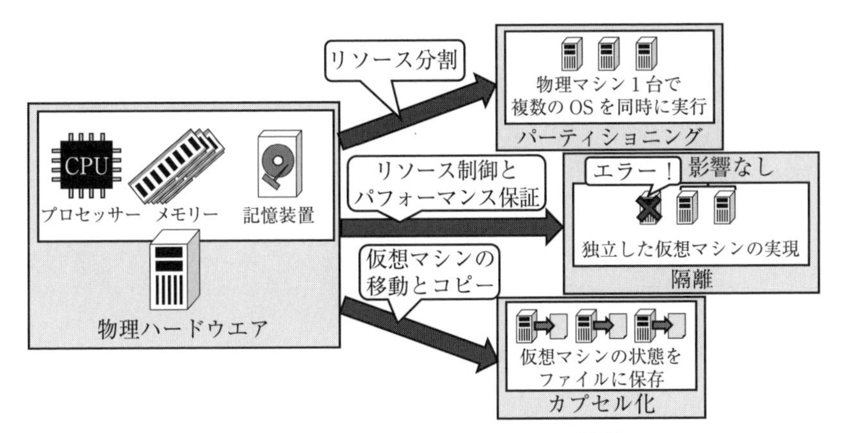

図 12.1　仮想化により実現される機能

コンピューターのハードウエアは，何も工夫しない場合，インストールされたソフトウエアの実行に全てのリソースが用いられる。コンピューター単位のリソース提供である。サーバーの取り扱いでは，コンピューターに搭載された物理的なリソースを分割してソフトウエア単位で割り当てたり，物理的に複数存在するリソースを１つに統合するなど，物理特性を隠蔽してリソースを利用しやすくする工夫が行われることが多い。これが，コンピューターの**仮想化**（virtualization）である。仮想化によって実現される機能について，図 12.1 を見ながら考えよう。

まず，**パーティショニング**（partitioning）である。リソース分割により，物理マシン１台で複数の OS を同時に実行する機能である。複数のサーバーを必要とするサービスを，ソフトウエアによって作り出されたコンピューターである**仮想マシン**（**VM**：Virtual Machine）によって，リソースの使用効率を高めつつ，物理マシンの台数を削減して実現できる。省スペース化，省電力化などにつながる。

次に，**隔離**（isolation）である。物理マシン上で動作している複数の仮想マシンは独立して動作し，他には影響を与えない機能である。高負荷による動作不安定やエラー発生の影響範囲は，該当する仮想マシンのみとなる。仮想マシンを動作させるソフトウエアである**ハイパーバイザー**（hypervisor）によってリソース制御が行われ，それぞれの仮想マシンはパフォーマンス保証が行われる。同一のハードウエア上で動作するにもかかわらず，仮想マシンは別々の独立したコンピューターとして取り扱うことができる。

最後に，**カプセル化**（encapsulation）である。仮想マシンの状態を全てファイルにまとめることからきている。動作している仮想マシンの状態を物理ハードウエアと独立したファイルに保存する機能である。保存したファイルは，ハードウエア非依存であるため，別のハードウエアに移動して利用することもできる。また，データやシステムを含めたバックアップとして，コピーを行うこともできる。

12.1.2 仮想化技術によるサーバー構成

次に，**仮想化技術**（virtualization technology）を使ったサーバー構成について考えよう。図 12.2 は，あるサービスを提供するサーバー構成の例であり，ロードバランサー（LB），アプリケーションサーバー（AS），データベースサーバー（DB）という 3 種類から構成されている。複数存在するアプリケーションサーバーは，同一機能を提供しており，ロードバランサーにより振り分けが行われる。

(A) サーバー構成

ロードバランサー（LB：Load Balancer）は，負荷分散装置とも呼ばれる装置である。複数存在する AS を代表してクライアントからのアクセスを受け付け，リソースへの負荷分散を考慮して適切な AS に転送する働きを持つ。サービスが予期せずに動作停止になる**システムダウン**

(system down) 状態になったASが存在する場合は，転送の対象から外し，サーバートラブルの影響を軽減させる対応も行う。

アプリケーションサーバー（AS：Application Server）は，クライアントからのアクセスに対応してサービス提供を行うソフトウエアである。データ管理を行うデータベースやファイルを保存するファイルサーバーなどとの橋渡しを行う。Webによるサービス提供が多いため，**Webアプリケーションサーバー**（WAS：Web Application Server）やAPサーバーなどと呼ばれることもある。

データベースサーバー（DB：DataBase server）は，サービスで取り扱うデータを管理するサーバーである。クライアントからASに要求されたデータの送信や，ASで操作されたデータの追加や書き換え，削除などの操作を行う。

(B) 仮想化技術による構成変更

図12.2の構成について考えよう。図6.3(a)クライアントサーバーを，インターフェースを担当するプレゼンテーション層，サービスを実現するビジネスロジック（business logic）を担当するアプリケーション層，データを管理するデータベースを担当するデータ層という3種類に分割した構造になっている。**3階層システム**（3-tier system）や，**3階層アーキテ**

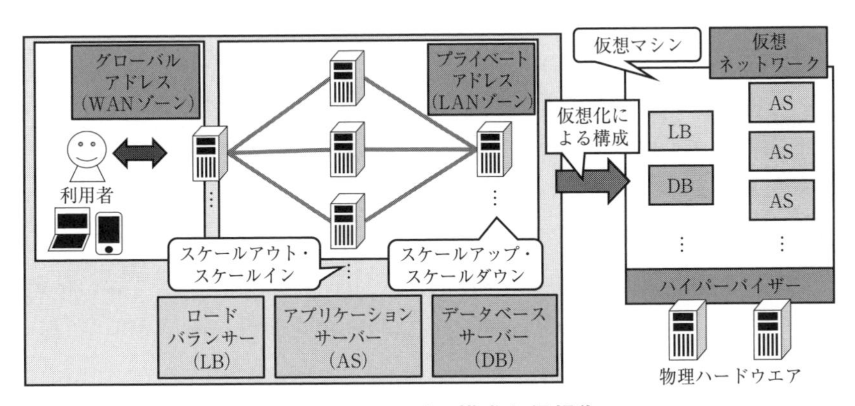

図12.2　サーバー構成と仮想化

クチャー（3-tier architecture）と呼ばれる構造である。サーバー処理を複数の階層に分割することで，機能を提供する階層単位での構成変更が容易になる。

クライアントはインターフェースを担当し，サーバーはビジネスロジックとデータベースを担当する。図12.2の構成では，サーバーをLB，AS，DBという3種類に分割している。ASはビジネスロジック，DBはデータベースを担当し，LBはASへの振り分けを担当している。

システム運用が開始され，アクセスが増えると，サーバーへの負担が高まることがある。ASの負荷が高まると，利用者からのアクセスを受け付けられない状況になることもある。解決方法としては，ASの台数を増やす方法がある。仮想化技術を用いたシステム構築では，6.2.1で学んだ，**スケールアウト**（scale out）により，サーバー台数の増加を容易に実現できる。イベント時期などアクセスが一時的に増加する場合にスケールアウトを実行する。追加したサーバーが不要になる時期は，**スケールイン**（scale in）を行い，台数を減少させて適切なサーバーの数で運用が可能となる。

一方，DBは，扱うデータ量の増加などで処理の量が増えると，パフォーマンスが低下し，動作に影響が出ることがある。この場合，台数を増加させるよりも，メモリーやプロセッサーといったリソースそのものの強化が適する。仮想化技術を用いたシステム構築では，6.2.1で学んだ，**スケールアップ**（scale up）を行うことで機能強化が容易に行える。また，強化した機能が不要になった場合は，**スケールダウン**（scale down）により機能縮小が可能である。

(C) ネットワーク構成

次に，ネットワークについて考えよう。インターネットの世界は，**IPアドレス**を用いてコンピューターどうしの通信を行う。IPアドレスは，

WAN や MAN で用いられる**グローバルアドレス**（global address）と，LAN などインターネットに公開する必要がないネットワークに割り当てられる**プライベートアドレス**（private address）がある。WAN に設置されるサーバーはグローバルアドレスが割り当てられるが，WAN に設置されないサーバーはプライベートアドレスが割り当てられることが多い。

図 12.2 の構成では，WAN からのアクセスを受け付けるグローバルアドレスによる WAN ゾーンと，プライベートアドレスによりサービスを実現する LAN ゾーンの 2 種類がある。LB は両方のゾーンに属すため，最低 2 つの LAN アダプターが接続される。1 つはグローバルアドレスが割り当てられ，WAN からのアクセスを受け付けるため，WAN ゾーンに接続される。他方はサービスを構成するサーバー群へのアクセスのため，LAN ゾーンに接続され，プライベートアドレスが割り当てられる。AS，DB は，LAN ゾーンに接続されるため，プライベートアドレスが割り当てられる。6.1.2(C) で学んだように，分散処理によりサービスは構築されているが，インターネットから確認できるのは LB だけであり，実際のサービスを実現するサーバー群は利用者からは隠されている。つまり，集中処理と捉えることができる。

ところで，仮想化技術を使ったサーバー運用では，物理マシン上でハイパーバイザーが実行され，仮想マシンが実行されることで実現される。仮想マシンはソフトウエアで実現されており，ネットワークも仮想化された NIC やスイッチングハブが提供されている。仮想化された NIC の接続先はソフトウエアで設定する。このように，物理構成は変更せず，ソフトウエア設定などでネットワークを構築することを**ネットワーク仮想化**（network virtualization）という。スケールアウトやスケールインのように，台数が変更されても，接続先の追加や変更が容易であるほか，サーバーの増減とともに自動的に設定変更に対応させることも可能となる。

12.2 クラウドコンピューティングの形態

次に，クラウドコンピューティングの定義や，サービスの提供形態，配置モデルについて考えよう。

12.2.1 クラウドコンピューティングの定義

クラウドコンピューティングの定義について考えよう。米国標準技術研究所（**NIST**（ニスト）：National Institute of Standards and Technology）によって，2009年10月に公開された定義が参照されることが多い。

クラウドコンピューティングは，構成の変更が可能な計算機資源の共用領域に対して，利用者の要求に応じてネットワーク経由によるアクセスを可能とするモデルである。計算機資源はネットワーク，サーバー，記憶装置，プログラムやその他のサービスであり，少ない管理や**プロバイダー**（provider，サービス提供者）とのやりとりによって，迅速に供給され，共用領域が公開される利用形態である。図12.2で見た，ハイパーバイザー上に構築される仮想マシンが置かれる領域を用いたコンピューターの利用形態といえる。ここでいうプロバイダーは，1.2.2で学んだ**ISP**ではなく，インターネット上でサービスを提供する業者を意味する。

クラウドコンピューティングは次の5つの特徴がある。

(1) オンデマンドセルフサービス（on-demand self-service）：プロバイダーの人的な介在が不要であり，利用者が必要なときに計算機資源を利用できる。

(2) 幅広いネットワークアクセス：携帯電話やモバイル端末，ノートPCなどの端末から，標準的な通信プロトコルを使ってアクセスできる。

(3) 計算機資源のプール（pool）：共用領域は，複数のサービス利用者によって計算機資源が共有される，**マルチテナントモデル**（multi-tenant

model）によって提供され，プロバイダーが蓄える物理的・仮想的な計算機資源は，利用者の要求によって動的に配置や再配置が行われる。一方で，計算機資源は物理的な位置から独立しており，通常，利用者は，提供される計算機資源がどこに置かれているかは具体的に特定できない。

(4) 迅速な伸縮性：計算機資源は伸縮性を備え，急速に計算機資源の機能拡張を実現する仕組みや，機能縮小を行う仕組みに対応する。無限に計算機資源が存在するように見えると同時に，必要なときに必要な量の計算機資源が購入可能である。

(5) 計測されるサービス：計算機資源の利用状況は監視されており，サービスの種類やレベルに応じて自動的に計算機資源の配分が制御され，最適化される。計算機資源の利用状況は，プロバイダーと利用者の双方に透明性を持つように監視，制御，報告される。

12.2.2　サービス提供形態

次に，クラウドコンピューティングで提供されるサービスモデルについて，12.2.1で考えたNISTの定義に準拠して考えよう。

仮想マシンの構成は，図12.3にあるように，ハードウエアに相当する仮想マシン，OS/ミドルウエア（MW），アプリケーションの3つの階層に分類される。図4.2で見た，物理ハードウエアによるコンピューターの構造と似ている。ミドルウエアは，6.2.2で学んだ意味とは異なり，OS機能を拡張するプログラムの集まりを指す。アプリケーション実行で必要となる機能を提供するソフトウエアである。データベースや通信機能，動画や静止画といったマルチメディアコンテンツを取り扱うために必要な機能などである。

サービスモデルは，**XaaS**（ザース）（X as a Service）という形で表現されることが多い。Xの部分に注目したいサービスを表す英単語の頭文字が置かれ，

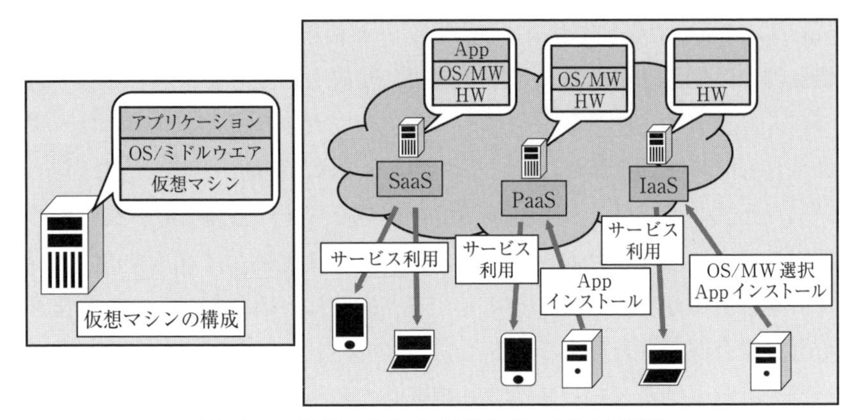

図 12.3　仮想マシンの構成とサービスモデル

さまざまなサービスに対応する表現である。

物理ハードウエアに相当する仮想マシンのみが提供されるサービスモデルは，**IaaS**（アイエィエィエス）（Infrastructure as a Service）という。**HaaS**（ハース）（Hardware as a Service）ともいう。システム開発やサービス提供のためのサーバーをネットワーク経由で構築するサービスである。

仮想マシンは，12.1.1 で見たように，仮想マシンの状態をファイルに保存するカプセル化が可能である。基本となる OS やミドルウエアの組み合わせをカプセル化しておき，利用者による OS とミドルウエアのインストール作業なしで仮想マシンの提供を行うプロバイダーもある。環境構築は，サービス利用前にカプセル化された使いたい OS/ミドルウエアの組み合わせを選択するか，通常の物理ハードウエアと同様に，OS のインストール作業により行う。

仮想マシンに加え，OS/ミドルウエアが提供されるサービスモデルは，**PaaS**（パース）（Platform as a Service）という。OS が選択可能であった IaaS と異なり，プロバイダーがあらかじめ準備した OS とミドルウエアで構成された仮想マシンが提供される。サービス提供で用いるプログラミング言語やデータベースなどのミドルウエアが利用開始とともに提供されるため，IaaSに比べ，サーバー設定を行うことなく利用できる利点がある。

IaaSやPaaSを用いると，プログラム開発やサービス提供の基盤となるサーバーをネットワーク経由のサービスとして構築できる。プロバイダーと契約を行い，構築した仮想マシンに利用したいアプリケーションをインストールすることで，クラウドからのサービス提供が実現される。仮想マシンを構成するメモリーやハードディスクドライブ，プロセッサーのコアの数といったリソースは，サービス利用時に選択できるだけでなく，運用状況に応じて変更することも可能である。物理マシンで運用する場合に比べ，ハードウエア保守が不要となる利点がある。

仮想マシンやOS/ミドルウエアのほか，クラウドで提供するアプリケーションを含めて提供されるサービスモデルは，**SaaS**（サース）（Software as a Service）という。何らかの機能を持つアプリケーションが仮想マシンにインストールされ，利用者にクラウドでのサービス利用に関わる全てのサポートが提供されるモデルである。利用者はシステムの構築やその仕組みを知らなくてもシステムにアクセスできればサービスを利用できる。**M2M**（Machine to Machine）や**IoT**のサービスなどは，SaaSにより実現されることが多い。

12.2.3　配置モデル

次に，クラウドコンピューティングの**配置モデル**（deployment models）について考えよう。NISTは，(A) パブリッククラウド，(B) プライベートクラウド，(C) ハイブリッドクラウド，(D) コミュニティークラウドの4つに分類している。図12.4を見ながら考えよう。

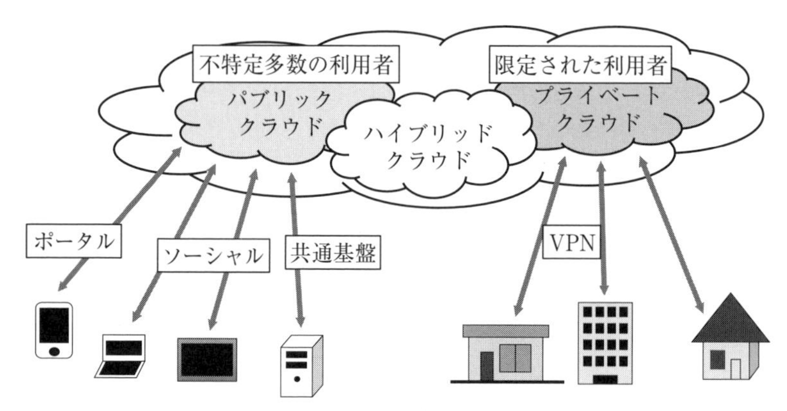

図 12.4 配置モデルとサービス

(A) パブリッククラウド

パブリッククラウド（public cloud）は，インターネットを介して不特定多数の個人や企業を対象として提供されるサービスである。(1) ポータル，(2) ソーシャル，(3) 共通基盤といったサービスがある。

(1) ポータルは，**ポータルサイト**（portal site）と呼ばれる，企業システムなどの入り口となる Web サイトのサービスである。会社からのメッセージやお知らせ，部署などのポータルがあるページである社内ポータルや，スケジュール管理やメール，スケジュール，ファイル共有，プロジェクト管理，電子会議室などのサービスを持つグループウエアなどから構成される。ポータルやグループウエアなどのシステムは，クラウド上で実現されたシステムが用いられることもあり，端末や場所を問わずに利用できる環境が実現される。

(2) ソーシャルは，人と人とのつながりを支援したり，発展させるサービスである。**SNS**（エスエヌエス）（Social Networking Service）などが該当する。**ソーシャルサービス**（social service）とも呼ばれ，お互いに面識のない人どうしの交流も実現される。サービス提供にクラウドを利用することで，利用者の拡大や過大な負荷への対応，サービス変更にも柔軟に対応することが可能になっている。

(3) 共通基盤は，計算機資源のための仮想マシン共通基盤を提供するサービスである。IaaS，PaaS，SaaS などを実現する計算機資源を提供するプロバイダーである。利用者は，物理マシンを用意することなく，契約だけでネットワーク上でサービス提供が可能となるサーバーをすぐに持つことができる。契約も契約解除も，利用する計算機資源の内容変更も，プロバイダーのサイトでいつでも可能である。

(B) プライベートクラウド

プライベートクラウド（private cloud）は，限定された利用者や組織を対象として提供されるサービスである。会社であれば，自社専用のネットワーク環境内で構築されたシステムの利用であり，一般のユーザーであれば，家庭内 LAN に設置した個人的に利用するサーバーなどの利用である。**ファイアウオール**（firewall）を用いて構築され，インターネットと分離された，通常ではインターネットから利用できない環境にあるサービスへのアクセスとなることが多い。

インターネットは公共のネットワークであるため，プライベートクラウドへのアクセスは **VPN**（ブイピーエヌ）（Virtual Private Network）などのサービスを用いることが多い。VPN は，インターネットに接続された端末と，企業ネットワークや家庭内 LAN といったプライベートクラウドへの間に仮想的な専用線を構築するサービスである。

(C) ハイブリッドクラウド

ハイブリッドクラウド（hybrid cloud）は，(A) パブリッククラウドと，(B) プライベートクラウドを組み合わせた利用形態である。企業などで基幹業務を行うシステムと，ポータルサイトやグループウエアとの連携などの利用である。企業秘密や個人情報を含む顧客情報など，基幹業務に関するデータは外部に出さずに自社のプライベートクラウドに保存し，外部に保存しても問題ないデータはパブリッククラウドに保存するような工夫が必要である。パブリッククラウドとプライベートクラウドが組み合わさった，ハイブリッドの利用形態になるサービスをハイブリッドクラウドという。

(D) コミュニティークラウド

コミュニティークラウド（community cloud）は，複数のクラウドサービスが融合したサービスである。コミュニティーの構成により，企業連携コミュニティーと，地域連携コミュニティーがある。

企業連携コミュニティーは，共通の目的を持った企業や組織で形成された企業グループクラウドや，企業の枠を超えた業界クラウドなどを実現するクラウドである。

地域連携コミュニティーは，企業ではなく，特定の地域に注目したクラウドである。行政クラウド，教育クラウド，医療クラウド，農業クラウド，自治体クラウド，霞が関クラウドなどの種類がある。

12.3　仮想化技術の活用

最後に，物理マシンと仮想マシンの関係や，仮想化技術の進化，モバイル端末との関係など，仮想化技術の活用について考えよう。

12.3.1　物理マシンと仮想マシンの関係

これまで仮想マシンを使ったシステムの構築について考えてきた。仮想化技術は，サービスを新たに構築するだけでなく，物理環境を仮想環境に移行するために用いられることもある。**マイグレーション**（migration）と呼ばれる。

物理マシン（physical machine）で動作しているシステムを仮想マシン（virtual machine）に移行する **P2V**（physical to virtual），仮想マシンから物理マシンへの移行を **V2P**（virtual to physical）という。仮想環境で動作する仮想マシンを，異なるハイパーバイザーで動作する他の仮想環境に移行することを **V2V**（virtual to virtual）という。移行は，物理マシン保守の問題から仮想環境に移行する場合などに行われる。

12.3.2　仮想化技術の進化

仮想化技術（virtualization technology）は日進月歩である。仮想マシンを使った多数のサーバーが構築されるようになり，複数のコンピューターを運用管理するネットワークでは，家庭内LANと異なる機能が必要とされるようになった。ネットワークを分割させることによるコンピューターのグループ分けや，コンピューターの構成変更を容易にするネットワーク設定変更への対応である。

家庭内LANとは異なるネットワーク機器が用いられることがある。ネットワークを分離するバーチャルLAN（**VLAN**：Virtual LAN）に対応したスイッチングハブや，12.1.2(C)で学んだネットワーク仮想化を推し進めるような機器である。スイッチングハブ，ルーター，サーバーなどをサービスごとに独立したネットワークに収容し，独立した複数のネットワークが共同利用する環境を実現する。物理的な構成と論理的な構成が分離しており，ソフトウエアの定義だけで目的の構成が設定できる環境となる。

従来，スイッチングハブやルーター，仮想ネットワークというそれぞれ独立した機器に対して設定を行うという分散制御であった環境を，**ソフトウエア定義ネットワーク**（**SDN**：Software Defined Networking）と呼ばれる，1つのコントローラーを用いて全ての機器の設定を行う集中制御による環境への移行である。**OpenFlow**（オープンフロー）と呼ばれる技術がSDNを実現する標準として注目されている。

12.3.3 モバイル端末とクラウドの関係

モバイル端末とクラウドコンピューティングの連携について考えよう。

モバイル端末は，**アプリ**のインストールにより機能を追加できるが，プロセッサーの性能や，記憶装置の制限などにより，端末単独でのアプリの実行には限界がある。一方で，クラウド上では，図12.2で見たように，豊富な計算機資源が存在し，アプリケーションを実行する処理の心臓部分を実行することが可能である。ネットワークを介してクラウド上で演算やデータ記憶を行い，端末はインターフェースの提供に専念させることで，端末自体が持つ性能以上の機能を持ったアプリケーションの実現や，データのバックアップなどが実現される。

クラウドで提供されるアプリケーションは，ネットワーク接続によるデータ同期が前提となるため，PCやモバイル端末など多種多様な機種で同じシステムやデータが利用できる**マルチデバイス**（multiple devices, multi-device）対応が容易となる利点もある。マルチデバイス対応は，**マルチプラットフォーム**（multi-platform）対応といわれることもある。クラウドにある計算機資源を活用するアプリケーションにより，6.1.2(C)で学んだように，手元にあるコンピューターの性能はさほど重要ではなくなり，ネットワークにつながる技術が不可欠なものになりつつあるといえるだろう。

演習問題 12

【1】仮想マシンとは何か，「計算機資源」「ハイパーバイザー」という言葉を使って説明しなさい。

【2】仮想化技術を用いたサーバー構築の利点を説明しなさい。

【3】スケールアウト，スケールイン，スケールアップ，スケールダウンの違いを説明しなさい。また，それぞれどのようなときに使うのか説明しなさい。

【4】マルチテナントモデルによるサーバー構築の利点を説明しなさい。

【5】マルチデバイス対応とはどのようなことをいうのか説明しなさい。

参考文献

清野克行：仮想化の基本と技術，翔泳社（2011）.

ルイス・アンドレ・バロッソ，ジミー・クライダラス，ウルス・ヘルツル（著），Hisa Ando（訳）：クラウドを支える技術―データセンターサイズのマシン設計法入門，技術評論社（2014）.

三上信男：ネットワーク超入門講座 第3版，ソフトバンク クリエイティブ（2013）.

伊藤直也，田中慎司：［Web開発者のための］大規模サービス技術入門，技術評論社（2010）.

加藤英雄：決定版 クラウドコンピューティング―サーバは雲のかなた，共立出版（2011）.

NRIセキュアテクノロジーズ（編）：クラウド時代の情報セキュリティ，日経BP社（2010）.

日経BP社出版局（編）：クラウド大全 第2版―サービス詳細から基盤技術まで，日経BP社（2009）.

渡辺和彦，法橋和昌，沢村利樹，池上竜之：ネットワーク仮想化―基礎からすっきりわかる入門書，リックテレコム（2013）.

村上泰司：ネットワーク工学 第2版，森北出版（2014）.

13 車載ネットワークとITS

《**目標&ポイント**》 ネットワーク技術の応用として，コンピューターが数多く搭載されるようになった自動車に関するネットワークについて考える。これまでのカーナビゲーションシステムによる交通渋滞の提供だけでなく，自動車にカメラなどのセンサーを搭載し，コンピューターどうしをつなぐ車載ネットワークとの連携により，自動ブレーキなどの高度な運転支援システムが提供されていることを学ぶ。また，プローブデータと呼ばれる交通情報などのデータを収集して活用が進められていることや，ユーザーインターフェースの高度化，スマートフォンなどとの連携についても学ぶ。
《**キーワード**》 ITS，車載ネットワーク，自動運転，ユーザーインターフェース

13.1 自動車をとりまくネットワーク

次に，ネットワーク技術の応用として，自動車のネットワークについて考えよう。自動車そのもののネットワークと，外部ネットワークとの連携について考える。

現在の自動車は，数多くのコンピューターが搭載されている。1.1.6でも見たように，自動車そのものの性能向上を目的とする用途は当然であるが，高度道路交通システム **ITS**（アイティエス）(Intelligent Transport Systems) と呼ばれる道路交通問題解決のためにも用いられるようになった。交通渋滞の軽減，交通事故の減少，地球環境との調和，輸送の効率化などを目指したシステムである。カーナビゲーションシステム（car navigation system，カーナビ）やETC車載器といった自動車に後付けもできるシステム，自

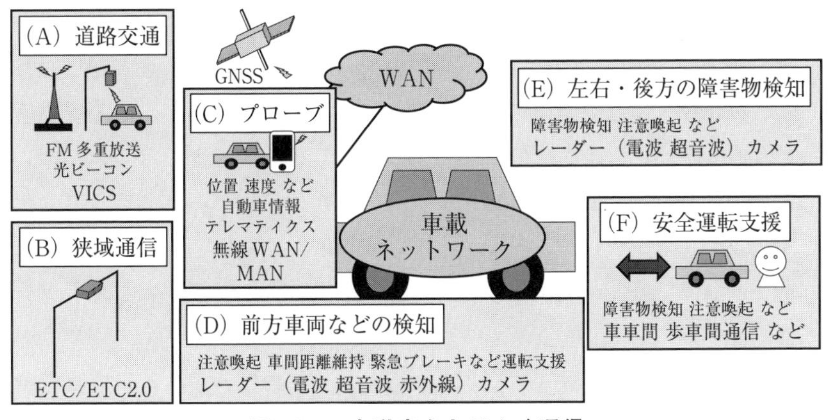

図 13.1　自動車をとりまく通信

動ブレーキやセンサーを使った運転支援のように自動車にあらかじめ搭載されるシステムなどがある。図13.1を見ながら考えよう。

13.1.1　道路交通

(A) 道路交通は，道路交通情報通信システム **VICS**（ビックス）(Vehicle Information and Communication System) による交通渋滞情報提供サービスであり，一般財団法人 道路交通情報通信システムセンター[1] (VICSセンター) が運営するシステムである。ラジオのFM多重放送，道路に設置された情報を発信する光ビーコン (infrared beacon)，高速道路に設置された路側アンテナである電波ビーコン (radio beacon) と走行中の自動車との通信により情報提供が行われる。カーナビの標準機能やオプション機能として搭載されるほか，インターネットを介し，モバイル端末の**アプリ**にも情報提供されている。インターネットによるITSは，**インターネットITS** (internet ITS) という。

光ビーコンは赤外線を発しており，一般道路の情報提供で用いられて

1) http://www.vics.or.jp/

いる。最大通信距離は 3.5m 程度であり，車線単位で異なる情報提供も可能である。路側アンテナによる通信は，2.4GHz 帯と 5.8GHz 帯という 2 種類の **ISM バンド**を用いて行われる。2.4GHz 帯は VICS の情報提供のために用いられており，2022 年 3 月 31 日まで提供される予定である。5.8GHz 帯は ETC2.0 によるサービス提供のために用いられている。受信した情報は，カーナビの地図上や，図形，文字によって表示される。スマートフォンと Bluetooth 接続を行い，専用のアプリを使って表示を行う機器もある。

交通渋滞情報は，道路上に設置されたセンサーの情報が各都道府県警察や道路管轄組織から公益団体法人 日本道路交通情報センター（JARTIC：Japan Road Traffic Information Center）に集まり，VICS センターで統計処理が行われることで得られる。そして，FM 多重放送，光ビーコン，路側アンテナといったメディアに対応した情報が配信される。

13.1.2 狭域通信

(B) **狭域通信**（DSRC：Dedicated Short Range Communication）は，通信エリアが狭くなるように制御された通信である。スポット通信とも呼ばれる。ノンストップ自動料金支払システム **ETC**（Electronic Toll Collection System）で用いられ，高速道路などの有料道路の出入り口などにシステムのアンテナが設置された ETC ゲートが設置されている。走行中に自動車に取り付けた ETC 車載器と ETC ゲートとの間で双方向の通信が行われ，一時停止することなく料金所の通過を実現する。料金所の渋滞解消，排気ガスや騒音の低減といった，地球環境との調和や輸送の効率化が期待できる。

ETC ゲート設置は，料金所のように大がかりではないため，高速道路のサービスエリアやパーキングエリアにも設置されるようになった。**ス**

マートインターチェンジ（smart interchange）と呼ばれる，ETC車載器を搭載する自動車のみで出入り可能となるETCゲートである。既存インターチェンジの渋滞緩和，地域振興などが期待されている。

ETCは，2011年に**ETC2.0**（イーティーシー にーてんぜろ）（Electronic Toll Collection System 2.0）のサービスが開始された。道路側に設置された**ITSスポット**（ITS spot）と呼ばれるアンテナを使って通信を行うサービスである。道路上の落下物，見えない渋滞への注意喚起，天候の画像表示などが可能となる。主に高速道路が対象である。(A)で見たVICSによるサービス提供の機能も含み，カーナビ，VICS，ETCと，サービスごとに必要となっていた端末を，ETC2.0対応車載器を搭載したカーナビを用いることで，1つの端末で統合的に利用可能になる。

13.1.3　プローブ

(C)プローブ（probe）は，1.2.3で見た，**プローブデータ**（probe data）の収集や活用である。渋滞予測，駐車場空き情報，目的地への到着時間，気象情報などが提供される。(A)で見たVICSとは異なり，実際に走行している車両の走行履歴や走行速度，ワイパーや照明スイッチの状態などのデータを用いて分析を行い，リアルタイムの渋滞情報が提供される。VICSは全国の高速道路と主要幹線道路を対象とした渋滞情報の提供であるが，プローブデータを用いると，サービスを利用する自動車が走行する道路全てが渋滞情報の対象となる。

プローブデータを用いたサービスの利用は，サービス提供を行うサーバーへの接続が必須となる。対応したカーナビを用い，4G（フォージー）や5G（ファイブジー）などの**携帯電話通信網**を用いてインターネットに接続して通信を行う。第11章で学んだ，**M2M**による通信である。サーバーに送信するデータは，カーナビに搭載されたセンサーや，**車載ネットワーク**を用いて取得された車両に関する情報である。システムに参加する車両が多くなれば多くなるほど，データ蓄積につながり予測精度が向上する。

自動車など移動体に通信システムを組み合わせ，情報サービスをリアルタイムに提供するサービスを**テレマティクス**（telematics）という。プローブデータを用いたサービスのほか，事故など不測の事態が発生した場合のコールセンターへの自動接続や，盗難時の自動通報，メンテナンス時期や故障時の連絡，近辺の店舗などのサービスが提供される自動車もある。

13.1.4 障害物検知

（D）前方車両などの検知や（E）左右・後方の障害物検知は，車両に搭載したレーダーやカメラを使った車両間距離や，歩行者や障害物の検知を行うシステムである。先行車との車間距離を認識して加減速を行い，一定の車間距離を保持した自動走行を実現する**ACC**（Adaptive Cruise Control），車線を認識して車線維持を支援する車線維持支援システム（**LKS**：Lane Keeping System），信号の色や障害物，車間距離の検知によりブザーや警報を出す注意喚起，運転者の不注意などで衝突の危険性が高まると，運転に介入して緊急ブレーキをかける衝突被害軽減ブレーキ（**AEB**：Automatic Emergency Braking），誤発進，誤後退抑制などの運転支援を提供する。先進運転支援システム（**ADAS**：Advanced Driving Assistant System）とも呼ばれる。機能の実現は，車載ネットワークによるユニット間の密接な連携が必要となる。

13.1.5 安全運転支援

（F）安全運転支援（**DSSS**：Driving Safety Support Systems）は，車両に搭載したセンサーやカメラを用いず，車車間の通信，歩車間通信といった周辺環境との通信により車両周辺の危険要因に対する注意を促すシステムであり，一般道が対象である。道路に設置された信号や標識，路側センサーといったインフラと車両を協調させ，運転者の認知，判断の遅れや誤りに起因する交通事故を未然に防止することを目的としている。一時停止規制の見落とし防止支援，渋滞などでの追突防止支援，出会い頭衝突防止支援，信号見落とし防止支援などが提供される。2011年に全国展開が開始され，カーナビなどのVICS車載器などで利用できる。

DSSSは，レベルⅠとⅡがあり，ⅠはVICS車載器のみで対応する。一方，Ⅱはインフラ情報と車載ネットワークを流れる車両の走行情報などを組み合わせて提供される。基本的な機能以外の実現方法はメーカーに任されており，画面や音声などを用いて運転者に注意喚起を行う方法は実装により異なる。車両の走行情報は車載ネットワーク経由で取得される。情報機器の導入により，通信を行う技術だけでなく，人間と自動車をつなぐ**HMI**（エイチエムアイ）（Human Machine Interface）が重要な要素の1つになりつつある。

13.2　車載ネットワーク

それでは次に，車載ネットワークについて考えよう。

13.2.1　ネットワークの必要性

近年の自動車は，センサーとアクチュエーターを用いた電子制御が数多く用いられる。制御にコンピューターである**ECU**（イーシーユー）（Electronic Control Unit）が用いられる理由は，人間や機械で制御するよりも，きめ細かい制御が可能となり，機械的な構造が簡単になるためである。全て機械で実現するよりも軽量化が図れる利点もある。

電子制御を用いて何らかの機能を実現する技術を**X-by-Wire**（エックスバイワイヤー）という。

wireは電気的な配線を意味する。アクセルペダルの踏み込み量をもとにエンジン制御を行うなど，センサーで人間が行った操作量を計測し，電気的な信号で制御対象に伝えて対象となる機器を制御する技術である。図1.2のように，間にコンピューターが介入するため，センサーから得られた値をそのままアクチュエーターに伝えるのではなく，さまざまな要素を考慮して値を加工することも可能になる。ハイブリッド車のように，エンジンとモーターなど複数存在する動力源の協調制御を実現するためにも必要な技術である。機械制御から電子制御に変更されても，従来の機械制御に近い操作感を踏まえた味付けがなされることが多い。Drive-by-Wire（DBW〔ディービーダブリュー〕），Steer-by-Wire，Brake-by-Wire，Suspension-by-Wireなどの種類がある。

X-by-Wireの実現では，ECUにセンサーやアクチュエーター，操作を行うスイッチなどを接続することが必要である。図13.2(a)集中制御は，処理を行うECUに全てのデバイスを接続する方式である。デバイスが置かれた場所から伸びるケーブルを全てECUに接続するため，デバイスの数に比例してケーブルが増え，重量に影響を与える。一方，(b)分散制御は，ネットワークを用いてデバイスを接続する方式である。あらかじめ車内にネットワークケーブルを張り巡らせておき，デバイスは近くにあるケーブルに接続することでECUと通信を行う。重量への影響を少な

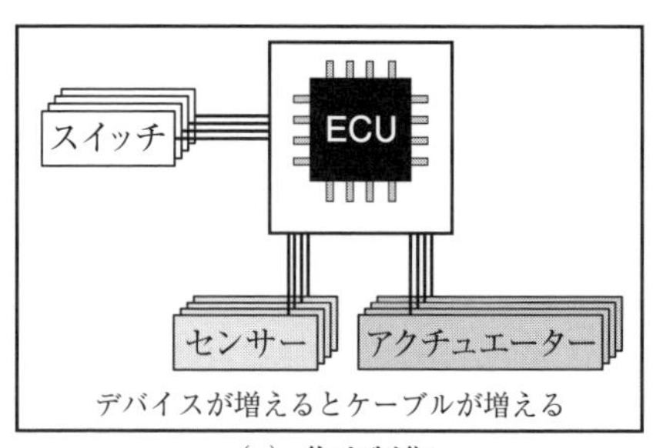

(a) 集中制御

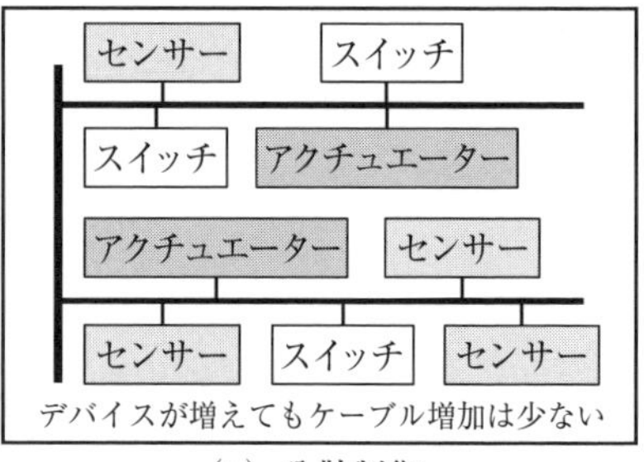

(b) 分散制御

図13.2　集中制御と分散制御

くしつつ，多くのデバイス接続が可能になる。

13.2.2　自動車を制御するネットワーク

自動車で用いられるネットワークは，これまでに学んできたTCP/IPとは異なる，CAN，LIN（リン）（Local Interconnect Network），FlexRay（フレックスレイ）などのネットワーク規格が用いられる。**車載ネットワーク**として多く使われ，**事実上の標準**，**デファクトスタンダード**（de facto standard）となっている**CAN**（キャン）（Controller Area Network）について考えよう。

CANは，1986年にドイツの電装メーカーであるBosch社によって提唱された自動車向けの通信プロトコルである。ISO11898およびISO11519として標準化されており，自動車だけでなく，船舶，医療機器，産業機器，FA（エフエー）（Factory Automation）など多方向で用いられている。規格上の最大伝送速度は1 Mbpsであり，OSI参照モデルの第1，第2，第4層に対応する機能で構成されている。

CANによる通信は，有線LANと同様にケーブルを用いて通信を行う。車載ネットワークを用いた自動車は，車両診断コネクターOBD2（オービーディーツー）（On-Board Diagnostics second generation）という，図13.3(a)に示すようなコネクターを持つ。故障診断のためのコンピューターや，車載ネットワークとの通信を必要とする外付け機器の接続で用いるコネクターである。

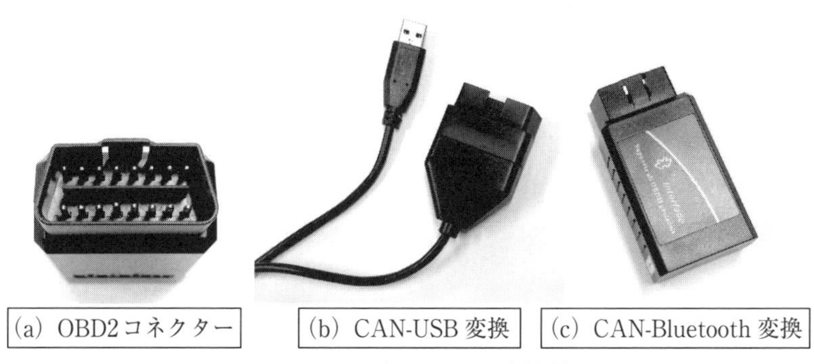

(a) OBD2コネクター　(b) CAN-USB変換　(c) CAN-Bluetooth変換

図13.3　コネクターと変換機

有線 LAN のハブのコネクターに相当する。

CAN に接続された全てのデバイスは，識別子と呼ばれる異なる ID が割り当てられ，図 7.2 (a) にある同じセグメントへの接続となる。ネットワークに送信されたデータが全てのデバイスに伝わる**マルチキャスト**（multicast）による通信が行われる。イーサネットと同様にデータを運ぶ**フレーム**（frame）を持ち，IP アドレスの代わりとなる識別子を用いてネットワーク上のデータを取り込むことで通信が行われる。通信では，7.1.2 で学んだ **CSMA/CD**（シーエスエムエーシーディー）を拡張した **CSMA/CR**（シーエスエムエーシーアール）（Carrier Sense Multiple Access with Collision Resolution）により行われる。

CSMA/CD は，複数のコンピューターが同時に通信を行う衝突が発生した場合，送信を中断してランダムな時間だけ待ち，他のコンピューターが通信をしていない場合に，送信を再開していた。データ送信では衝突時にランダムな時間だけ待機してもよいが，リアルタイム性を重視する自動車では待ち時間が問題となるため，送信するデータの識別子を用いてデータ送信の調停を行い，リアルタイム性を保ちつつ衝突の解決を図っている。

車載ネットワークには，ネットワークに接続されたセンサーからの情報，アクチュエーターを操作する命令などが飛び交っている。車種によって流れるデータは異なるが，1.1.6 の分類で考えると，(1) パワートレイン系として車速，四輪車輪速，アクセスペダルの踏み込み量，エンジン回転数，燃料噴射量，シフトレバー位置，走行距離，水温，運転モード（ECO/Normal/Power），(2) シャシー系としてブレーキペダルの踏み込み量，パーキングブレーキ，ステアリング舵角，(3) ボディー系としてエアコン状態，ライト点灯状態，ウィンカー状態，ワイパー状態，ドア開閉状態，シートベルト状態，(4) 情報通信系として自動ブレーキ，クルーズコントロール，車線維持などの情報が流れる。

13.2.3　車載ネットワークとインターネットの連携

次に，車載ネットワークとインターネットとの連携について考えよう。

DSSSレベルⅡに対応するカーナビなどは，車載ネットワークに接続され，車両情報を得ることが多い。PCやスマートフォンなどのコンピューターで車載ネットワークを流れる信号を利用する場合，図13.3(b)，(c)のような，CAN-USB変換ケーブルや，CAN-Bluetooth変換アダプターを用いる。車載ネットワークの信号をコンピューターで読み書き可能にするアダプターである。信号を取り扱う**アプリケーション**と組み合わせて利用する。スマートフォンで追加メーターを実現したり，燃費の管理などが可能となる。

車載ネットワークの**クラウド**への接続は，インターネットにつながるコンピューターに接続されることから始まる。車載ネットワークの信号をアプリケーションで理解し，インターネット上のサーバーとデータのやりとりを行う，M2Mと呼ばれる通信である。このときのコンピューターは，9.2.1で学んだ**ゲートウェイ**の機能を持つ。

インターネットにつながり，情報を収集し，情報を配信する機能を持った自動車を，**コネクテッドカー**（connected car）という。特に13.3.1で学ぶ自動運転では，従来よりも遅延が少ない，反応速度が速い通信が要求される。次世代の携帯電話通信網である5Gによる実現が期待されている。

反応速度を高めるには通信速度だけでなくコンピューターの処理能力も向上させる必要がある。しかしながら，数多くのモノから得られる全てのデータをクラウドに送信して対応することは，ネットワークへの負荷とコンピューター処理能力の両方に負担をかけることになる。このため，処理能力の高い**エッジ**（edge）と呼ばれるコンピューターを，モノの付近に設置してデータ処理を分析できる範囲で行うという形態が取られるようになった。**エッジコンピューティング**（edge computing）というコンピューターの利用形態である。

エッジを用いて全体の処理を担当するクラウドに送信する前のデータの下処理や，すぐに応答を返す必要がある機械学習や人工知能によるデータ解析が行われることもある。エッジを導入することで，クラウドで全ての処理を行う必要がなくなり，モノの通信量の削減や，自動運転のように迅速な分析を必要とするリアルタイムなモノの制御に用いられる。エッジよりもクラウドに近い位置に置かれる処理のためのコンピューターを**フォグ**（fog）という。クラウドと地面の間に発生する霧にちなんだ表現であり，**フォグコンピューティング**（fog computing）と呼ばれる。

13.3　自動車の将来

自動車は，近年，急速にコンピューターが導入されるようになった。コンピューターを活用した応用として，自動運転や，クラウドとの連携などが考えられている。自動車の将来について考えよう。

13.3.1　自動運転

これまでにも VICS や DSSS を用いた，運転者に危険要因に対する注意喚起を行いつつ，運転者が全ての操作を行う情報提供型の運転支援が行われてきた。一方で，自動車の制御が高度化し，電動化が進んだことで，車載ネットワークを活用し，ACC による先行車追従による走行や，自動ブレーキによる自動停止などが可能となった。さらに技術が進むと，運転操作そのものを自動車に任せることも期待できる状況になっている。

日本を含める世界の主流となっている米国の自動車技術会（SAE（エスエーイー）：Society of Automotive Engineers）による自動運転レベル（level of automation）の定義を見てみよう。運転者の介入をどこまで行うかという自動化の度合いによって，運転自動化なしを含めると，自動運転は以下の6段階に分類される。

［レベル0］運転自動化なし（No automation）：予防安全システムによる支援の提供があっても，運転者が全ての運転タスクを行う。

［レベル1］運転支援（Driver assistance）：特定の限定領域において，加速（ACC），操舵（LKS），制動（AEB）のいずれかの自動運転機能が提供され，運転者は残りの運転タスクを担当する。

［レベル2］部分運転自動化（Partial automation）：特定の限定領域において，加速（ACC），操舵（LKS），制動（AEB），ハンドル操作など，複数の機能を組み合わせた自動運転機能が提供される。運転者は，自動運転機能のサブタスクとなる対象物や事象の検知および応答を行い，システムの監督を担当する。

［レベル3］条件付運転自動化（Conditional automation）：限定領域において，全ての操作を自動運転機能が行う。自動運転機能による作動継続が困難となる場合は運転者が適切に対応する。

［レベル4］高度運転自動化（High automation）：限定領域において，作動継続が困難となる場合でも，全ての運転タスクを自動運転機能が行う。

［レベル5］完全運転自動化（Full automation）：運転者が対応する限定領域がなく，全ての運転タスクを自動車が実行する自動運転機能である。

レベル0～2は運転者が一部または全ての運転タスクを担当するが，レベル3～5は自動運転機能が作動中は運転者の代わりに自動車によって全ての運転タスクが提供される。レベルが高くなるほど運転者が自動車の操作に関わる割合が減少する。レベル1や2は，ADASやDSSSなどの運転支援システムによる実現，レベル3や4は運転者の存在する準自動走行システムの実現，レベル5は運転者の有無を問わない自動運転システムの実現である。

自動運転のレベルが高くなるほど，運転者が操る乗り物から，自動車が環境を認識し，危険を避けて交通法規を守りつつ走行する乗り物に変化する。安全走行を実現するには，走行する道路，標識，道路標示，他の車両や自転車，歩行者といった自動車が置かれた周辺環境を認識し，判断する頭脳に相当する装置が必要になる。6.2.3 で学んだユビキタスコンピューティングにある，**コンテキストアウェアネス**を理解するためである。

これまでの自動車は，全て人間が判断するため，頭脳に相当する装置は搭載されていなかった。一方，自動ブレーキのような運転支援機能の実現では，判断を行う情報を収集する目や耳，判断する頭脳，判断結果を実行する手足に相当する装置が必要になる。このため，頭脳や目や耳となる装置が，1.1.6 で学んだ (4) 情報通信のブロックに追加されるようになった。目や耳に相当するカメラやレーダーといったセンサー，頭脳に相当する **SoC**（System on a Chip）や ECU といったコンピューターである。手足に相当する装置の操作は，13.2.1 で学んだ **X-by-Wire** によって実現される。X-by-Wire ではコンピューターにより対象の操作を行うため，操作を行うきっかけが人間の操作であるか，SoC が判断した結果を用いるかという違いになる。

13.3.2　プローブデータの活用

クラウドとの連携について考えよう。自動車は，13.1.3 でも見たように，プローブデータの収集が期待されている。実際に走行している車両のデータを用いて交通情報を収集する仕組みである。1.1.6 で学んだ (4) 情報通信のブロックに位置するカーナビが担当することが多い。

カーナビは地球上の位置を測位する **GPS** などで構成される **GNSS** やジャイロなどのセンサーを持ち，VICS による渋滞情報の受信を行う一方で，車速など自動車の走行情報を蓄えることもできる。インターネットへの接続により，プローブデータを解析するサーバーから渋滞予測情報を取得する役割を担うとともに，渋滞予測に必要となる情報を提供するセンサーとしての役割も担う。プローブは，もともと図13.4に示すような，計測器で用いる探針を表す言葉である。動く自動車には多くのセンサーが搭載されており，自動車が位置する場所の情報を取得できることを計測器を用いた計測になぞらえてプローブデータと呼ばれている。道路にセンサーなどの設置を行うことなく，自動車とクラウド上のサーバーとの通信だけで解析できる利点を持つ。

自動車は道路を自由自在に走行できるため，走行が可能である道路を探ることができる。例えば震災直後は，被災地域や通行止めとなった場所が不明である。プローブデータを取り扱うカーナビを搭載した自動車から走行情報を収集することで，通行可能である道路情報の解析が可能となる。

車載ネットワークの情報からも有用なデータが得られる。例えば，ブレーキの踏み方である。位置情報と組み合わせて分析すると，急ブレーキを踏む回数が多い場所は事故が発生しやすい場所と推測できる。見通

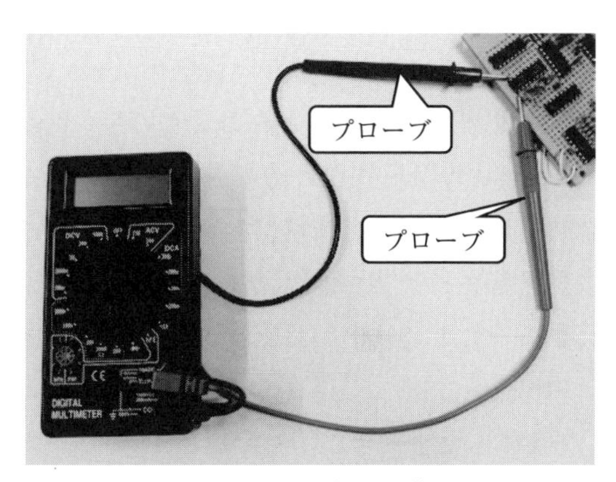

図13.4　プローブ

しが悪い交差点など危険箇所を発見し，環境を改善する情報として利用することも期待される。また，走行情報を記録するロガーを用いて，サーキットで実車で走行した内容をゲーム画面上に再現するエンターテインメント用途に利用される例もある。

プローブデータは自動運転を実現し，改善するためにも用いられる。走行する道路の情報は時々刻々と変化するため，多くの車両からのデータを取りまとめて随時分析する必要がある。自動車に搭載できる計算機資源は限られているため，クラウド上の計算機資源を用いて分析を行うことが必要になる。**統計手法**（statistical method）や**機械学習**（machine learning），**人工知能**（**AI**：Artificial Intelligent）によりプローブデータの解析を行い，自動運転のアルゴリズムを自動的に進化させることが求められる。実際の道路を走行中に発生する出来事は複雑であり，固定された動作のパターンだけでは全ての事例への対応が困難となるためである。進化するアルゴリズムであれば，プローブデータに対応する自動車が多くなり，多くの事例が蓄積されることで的確な判断が可能となるだけでなく，時々刻々と変化する状態にも対応可能となる。

13.3.3　ユーザーインターフェースの高度化

車載ネットワークや車外の情報と組み合わせたカーナビやVICSなど，高度な情報通信機器が自動車に搭載されるようになった。スピードメーターなどのメーターパネル，車外から持ち込まれるスマートフォンなど，自動車は情報を提示するさまざまな機器が多数存在し，これまで以上に多種多様な情報が運転者に提供されつつあることから，適切なときに適切な情報を運転者に伝える**HMI**（Human Machine Interface）が重要な要素になりつつある。

自動車の中に存在するさまざまな情報を提示する車載情報機器として，

Intelが提唱した**車載インフォテインメント**（**IVI**：In-Vehicle Infotainment）が注目されている。インフォテインメントは，Information（情報）とEntertainment（娯楽）を組み合わせた単語であり，車内で提示されるさまざまな情報を取り扱うシステムである。車載コクピット情報システムと呼ぶこともある。

IVIは，カーナビのような画面を持ち，車内のさまざまな情報を提示する統合ユーザーインターフェースである。道案内用の地図や指示の表示，システムに搭載されるハードディスクドライブに蓄えた音楽や映像などのコンテンツ再生，インターネットサービスの利用，車内に持ち込まれたスマートフォンなどとの連携，車載ネットワークに流れる情報の表示，家庭や職場との車外環境との連携などを実現する。速度計やタコメーターなどのメーターパネルも含めることもあり，従来はそれぞれの専用の機器で実現していた機能を統合したシステムといえる。

ユーザーインターフェースは自動車用に工夫される。端末により搭載する機能は異なるが，運転中の利用を考慮した音声認識による操作の実現，直感的に操作できるタッチパネル，拡張現実（**AR**：Augmented Reality）を実現するヘッドアップディスプレー（**HUD**：Head-Up Display）による運転中の視界に道案内のガイドやスピードメーターなどの情報を重ね合わせる情報提示，3Dグラフィックを用いた立体的でわかりやすい実際のイメージに近い道案内の表示，センサーを用いた身振り手振りによるジェスチャー認識による機器の操作，ハンドルに搭載された制御ボタンによる機器の操作，テキスト読み上げ（Text to Speech）による自然な道案内の提供，運転者の異常検知などが考えられている。

車内に持ち込まれる機器との連携はさまざまな方法が用いられる。コンテンツをデータでやりとりするSDメモリーカード（Secure Digital Memory Card），USB，**Bluetooth**，**Wi-Fi**などである。スマートフォンと

IVI の連携は，IVI をインターネットに接続する**テザリング**（tethering）型，スマートフォンのインターフェースを IVI で表示する UI 型，インストールしたアプリを IVI で用いるアプリ連携型などがある。なお，スマートフォンなどを使って，Wi-Fi や Bluetooth，USB などの方法により PC などのコンピューターをインターネットに接続することもテザリングという。

機器との無線通信は Bluetooth や Wi-Fi が用いられる。自動車と Wi-Fi などのネットワークを用いた通信では，さまざまなサービスが考えられている。駐車場近辺で提供されるホットスポットとの接続によるインターネットとのデータのやりとりや，Wi-Fi Direct によるコンテンツ共有，無線 WAN/MAN に接続された IVI をホットスポットとして利用する用途などである。このほか，**V2X**（Vehicle to X）という形で表されるサービスもある。自動車を用いた M2M による通信であり，X には提供するサービスを表す英単語の頭文字が入る。自動車と自動車との通信である V2V（Vehicle to Vehicle），自動車と道路との通信である V2R（Vehicle to Road），自動車と家との通信である V2H（Vehicle to Home）などがある。

IVI は標準化が進められつつある。OS として，Automotive Grade Linux（AGL）による Tizen IVI，2014 年に Apple より発表された iOS を用いた CarPlay，同じく 2014 年に発足した Open Automotive Alliance（OAA）による Android Auto などがある。CarPlay や Android Auto は，自動車側の機器と有線接続することで，自動車側の操作で iPhone や Android 搭載スマートフォンを利用可能にする。標準化された OS やシステムを用いることで，開発期間の短縮や，アップデートなどの対応が容易となり，拡張性や柔軟性に優れたシステムが実現される。

13.3.4　電気自動車とHEMSの連携

電気自動車と9.3.3で学んだ**HEMS**との連携について考えよう。HEMSは，家庭内のエネルギー消費を最適化することで省エネを目指すシステムであり，電力に関する機器を制御する。HEMSに接続される機器には，電力を蓄えるバッテリーも含まれ，電気自動車（**EV**：Electric Vehicle）やコンセント接続によりバッテリー充電ができる**PHV**（Plug-in Hybrid Vehicle）の充電管理も含まれる。PHVは，PHEV（Plug-in Hybrid Electric Vehicle）やプラグインハイブリッドカー（plug-in hybrid car）ともいう。

EVやPHVなど，蓄電池を搭載する自動車の充放電を制御しつつ，家庭用電力として用いることをV2H（Vehicle to Home）という。13.3.3で見た自動車と家との通信であり，HEMSを導入した家庭の敷地内に駐車中の利用である。安価な深夜電力を用いて自動車を充電し，電力ピークとなる昼間に自動車から電力を用いるピークシフトの実現や，停電時の非常電源としての利用などが可能である。停電時に電力が不足した場合に走行して充電ステーションに行き，充電してくることも可能である。

演習問題 13

【1】自動車の運転支援を実現するために車載ネットワークとの連携が欠かせない理由を説明しなさい。

【2】自動車の制御が電動化されるようになった理由を説明しなさい。

【3】車載ネットワークでは，OSI参照モデルの第3層に相当する機能が不要である理由を説明しなさい。

【4】プローブデータの活用によって実現されることを説明しなさい。

【5】PC やスマートフォンとは異なるユーザーインターフェースが自動車に必要とされる理由を説明しなさい。

【6】自動運転のようにモノに対するリアルタイム処理でありながら，クラウドによるデータ処理が不可欠となるサービスを実現する通信やコンピューター処理の特徴について説明しなさい。

参考文献

徳田英幸，藤原 洋（監修），荻野 司，井上博之（編），IRI ユビテック・ユビキタス研究所（著）：ユビキタステクノロジーのすべて，NTS（2007）.

岩橋 努：ユビキタス時代におけるモバイル通信・ITS 技術テキスト，日本理工出版会（2008）.

総務省：平成 26 年度版 情報通信白書，入手先〈http://www.soumu.go.jp/johotsusintokei/whitepaper/〉（参照 2015-03-16）

ルネサスエレクトロニクス：CAN 入門書，入手先〈http://documentation.renesas.com/doc/products/mpumcu/apn/rjj05b0937canap.pdf〉（参照 2015-03-16）

佐藤道夫：車載ネットワーク・システム徹底解説，CQ 出版（2005）.

五十嵐資朗，佐藤正幸，玉城礼二：CAN 入門講座，電波新聞社（2006）.

牧野茂雄：複雑になったエンジンの「都合」，Motor Fan illustrated Vol.81，三栄書房，pp.52-55（2013）

古川知成：自動運転の技術開発のこれまでの流れを理解しておく必要があります，Motor Fan illustrated Vol.86，三栄書房，pp.34-35（2013）.

鶴原吉郎，仲森智博：自動運転 ライフスタイルから電気自動車まで、すべてを変える破壊的イノベーション，日経 BP 社（2014）

ロバート・スコーブル，シェル・イスラエル：コンテキストの時代—ウェアラブルがもたらす次の 10 年，日経 BP 社（2014）.

泉 隆：カーナビ・ETC から始まる ITS の世界—ITS でもっと安全にもっと快適に，電気学会（2018）.

保坂明夫，青木啓二，津川定之：自動運転—システム構成と要素技術，堀北出版（2015）.

自動車技術会：JASO テクニカルペーパ「自動車用運転自動化システムのレベル分類及び定義」，入手先〈https://www.jsae.or.jp/08std/〉（参照 2019-03-31）.

14 ネットワークサービスの構築

《目標＆ポイント》 ネットワークを使ったサービスの利用や構築について概説する。開発で考慮する利用者の視点や，構築の視点について考えた後，ネットワークをまたぐ通信について考える。グローバルアドレスやプライベートアドレスといったネットワーク構築で用いるIPアドレスの種類について学んだ後，インターネットにおけるネットワークどうしの通信や，インターネットからホームネットワークへの通信について考える。その後，WWWブラウザーを使ったシステム開発について学ぶ。
《キーワード》 サービスの利用と構築，IPアドレス，ネットワーク間の通信，HTML5

14.1 サービスの開発

これまで，ネットワークの通信やサービスについて学んできた。次に，ネットワークを使った**アプリケーション**について考えよう。

14.1.1 サービス利用の視点

ネットワークにより提供されるサービスを利用するには，機器をネットワークに接続することが必要である。スマートフォンやノートPCを購入してサービスを利用する人は，ネットワークに接続する設定ができる人ばかりだろうか。便利なサービスを構築しても，一部の人だけしか利用できないようでは普及が進まない。サービス構築ではどのような視点を考慮すればよいだろうか。

使いやすく，普及を見込めるネットワークサービス実現で考慮する視点として，(1) 設定，(2) セキュリティー，(3) サポート，(4) 統合・連携，(5) 品質確保，(6) 信頼性などがある。機器やサービスそのものの対応だけでなく，利用者の心理的な不安への対応も求められる。

(1) 設定は，ネットワークに接続する配線や設定，アプリケーションのインストールや設定に関する問題である。利用開始までに必要となる設定を少なくすることが求められる。

(2) セキュリティーは，コンピューターウィルス感染による被害や，ハッカー侵入，見ず知らずの人に家庭内 LAN に接続した機器を使われてしまう不安である。不特定多数が利用するインターネット故の心配事であるが，事前に考慮した危険性への対策を盛り込むことや，国や業界で策定されたルールへの準拠が求められる。

(3) サポートは，機器の設定や利用中に発生するトラブルへの対応が十分に提供されるかどうかという不安である。利用者が予期せず行った操作によって動作しなくなることもあるため，機器とネットワークのどちらに原因があるのか，切り分けができる情報の提供などが求められる。

(4) 統合・連携は，複数の機器を組み合わせて利用する場合の互換性への対応や，利用するサービスごとに専用機器の設置や ID/パスワードが増えることへの不安への対応である。サービスを利用する利点や，システムへの理解を深めてもらうことが求められる。

(5) 品質確保や (6) 信頼性は，ネットワークサービス共通の課題であり，インフラとして安心して用いられる基本となるものである。例えば，新しいサービス登場後は，実績が少ないことから従来のサービスより便利であっても導入されにくい。システムは，改善を行いつつ実績を積み重ね，信頼できるシステムであることを理解してもらうことが求められる。

14.1.2　サービス構築の視点

次に，サービスを構築する視点について考えよう。例えば，これまでに学んできたサービスは，9.3.2の**DLNA**，9.3.3の**ECHONET Lite**，13.1の**VICS**，ETC，自動車の自動ブレーキなどがある。サービス構築では，目的の動作をコンピューターに実行させるためのシステム開発が必要となる。サービス実現を可能とするハードウエアを準備し，ハードウエアで動作するソフトウエアを準備することである。アプリケーションの開発も含まれる。

大規模なシステムになるほど，全ての機能を独自に構築することは困難である。実現したいサービスの基本機能を持った**プラットフォーム**（platform）を用いた開発が一般的となる。開発するアプリケーションを実行する基盤である。プラットフォームは，図14.1に示すように，あるソフトウエアやハードウエアの動作で不可欠な基盤となるハードウエア，OS，ミドルウエア，ライブラリーなどである。アプリケーションやOSを動作させるハードウエア単体を指すことや，ハードウエアとOS，ミドルウエアを組み合わせたシステムを指すこともあるほか，設定，環境などを指すこともある。

プラットフォームを用いたサービス構築の利点は，開発の負担が低減

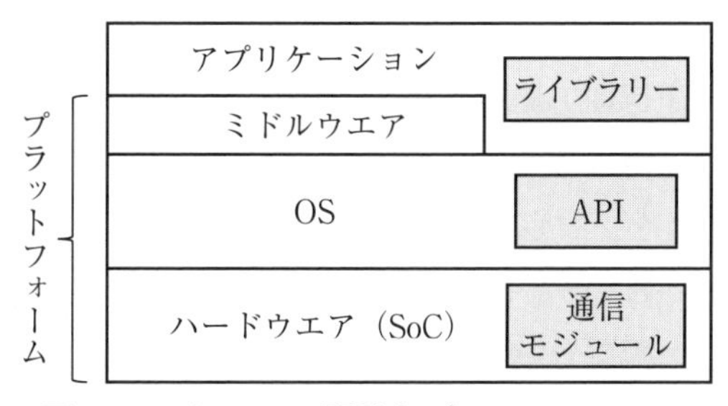

図14.1　システム開発とプラットフォーム

されることである。例えば，スマートフォンのハードウエアを構築する場合，スマートフォン向けの機能一式が搭載された**SoC**（エスオーシー）（System on a Chip）を用いて構築する。いくつかある同じ系統のSoCの中から，プロセッサーやメモリー，搭載される**周辺機器**などの性能を比較して目的に合ったものを選択する。コンピューター機能一式を，SoCという機能のまとまりとして取り扱えばよいため，構築者側で個別機能の取り回しについて考える必要がなくなる。一方，ネットワーク機能は状況により必要とされる機能が異なるため，選択できるようにSoCとは独立したモジュールとなっていることが多い。用途に応じて**Wi-Fi**や**Bluetooth**などの通信モジュールを選択し，SoCと組み合わせて実現する。モバイル端末向け以外にも，画像認識向けや自動車向けのSoCもあり，用途に応じて選択し，カメラやセンサーなどと組み合わせてハードウエアを構築する。

ソフトウエアも同様であり，サービスを実現しやすいOSや**ミドルウエア**（middleware），ライブラリーが選択される。ここでのミドルウエアは，OS機能を拡張し，プログラム動作で共通に必要となる機能の提供を行うソフトウエアである。データベースやTCP/IP（ティーシーピーアイピー）プロトコルスタックなどの通信機能，音声認識や音声合成，動画などの圧縮や伸縮，暗号ライブラリー，認証機能などである。

ライブラリー（library）は，目的となる処理を行う機能が集まったソフトウエアの部品である。画面への描画を行うグラフィック機能やファイル操作，マルチメディア機能の操作，ネットワーク機能など，目的別に用意されており，開発するプログラムから呼び出して利用する。OSにもファイル操作など，アプリケーション開発で利用できる機能が**API**（エーピーアイ）（Application Program Interface）として搭載されている。

近年のサービス構築では，標準化された技術がプラットフォームとして用いられることが多い。無線LANや有線LANといった通信規格，5.4

の **HTTP**，9.2.2 の **UPnP** などのプロトコル，11.1 で学んだ **M2M** アーキテクチャーは標準化された技術である。標準化された技術を用いてサービス構築を行うことで，サービス実現の基本的な部分に関する構築を考える必要がなくなる。他と差別化を図る部分の開発に注力できるため，結果として開発期間の短縮にもつながるほか，異なるメーカーのサービスと互換性を持たせることも容易となる。このため，プラットフォームとなる部分は，会社の垣根を越え，共同での開発が行われることが多くなっている。

14.2　ネットワークをまたぐ通信

次に，目的とする機器との通信について考えよう。同じネットワーク内に通信を行いたい機器が存在しない場合，ネットワークをまたいだ通信が行われる。ネットワークで用いられる IP アドレスの種類や，目的とする機器が存在するネットワークへのアクセス方法の考慮について考えよう。

14.2.1　IP アドレスの種類

12.1.2 でも学んだように，インターネットで用いられる通信プロトコル TCP/IP は，グローバルとプライベートという 2 種類の **IP アドレス**が用意されている。どちらのアドレスを用いるかは，ネットワーク単位で決められる。

インターネットで公開されるサーバーなどに割り当てられるアドレスは，**グローバルアドレス**（global address）という。**ICANN**（アイキャン）（Internet Corporation for Assigned Names and Numbers）と呼ばれる組織により一元管理されている。グローバルアドレスは，インターネット上で重複することはなく，ネットワークをまたいだ通信も問題なく行うことができる。しかし，現在用いられているIPアドレス体系である**IPv4**（アイピーブイフォー）（IP version 4）のアドレス枯渇が叫ばれるようになり，プライベートアドレスの導入が進むようになったことから，ネットワークをまたいだ通信に工夫が必要となった。

インターネットと直接通信を行う必要がない端末が接続されるネットワークは，**プライベートアドレス**（private address）を用いて構築されることが多い。家庭内LANや，職場，PAN（パン）などのネットワークである。

プライベートアドレスは，ネットワーク内に閉じた通信で利用されるアドレスである。表14.1に示した，IPアドレス全体からプライベートアドレスとして決められた範囲を用いる。アドレスは，ネットワーク内のみで管理されるため，インターネットに接続される他のプライベートアドレスで構築されたネットワークとアドレスの重複があってもよい。このことから，グローバルアドレスで構築されたネットワークからプライベートアドレスで構築されたネットワークへの通信，インターネットに接続されているプライベートアドレスで構築されたネットワークどうしの通信は困難である。

プライベートアドレスで構築されたネットワークをインターネットに接続するには，11.2.1でも学んだ，アドレスとポートを相互変換する**NAPT**（ナプト）（Network Address Port Translation）などの技術が用いられる。ルーターに搭載された機能であり，WAN側に割り当てられたグローバル

表14.1　IPv4のプライベートアドレス

クラス	アドレス範囲
A	10.0.0.0～10.255.255.255（10/8）
B	172.16.0.0～172.31.255.255（172.16/12）
C	192.168.0.0～192.168.255.255（192.168/16）

アドレス1個を用いて，プライベートアドレスで構築されたLAN側からWAN側への通信を実現する。

14.2.2　ネットワーク間通信の種類

ネットワークどうしの通信について図14.2を見ながら考えよう。インターネットは，目的や用途に応じて構築された複数のネットワークの接続により構成されており，それぞれのネットワークにコンピューターが接続されている。結果として膨大な数のコンピューターが接続されている。ネットワークを用いたサービスで行われる通信は，(1) 全て同一ネットワーク内，(2) 外出先とネットワーク内，(3) インターネット上の他ネットワークとネットワーク内という，3パターンが考えられる。

(1) 全て同一ネットワーク内の通信は，ネットワークA，または，Bの中で完結した通信である。第9章で学んだ，DLNAや**HEMS**などのサービスに該当する。PCやプリンター，**NAS**（ナス）(Network Attached Storage)

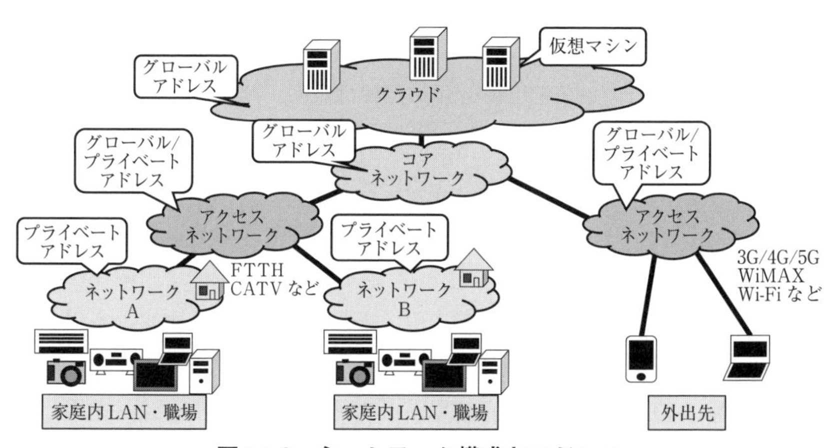

図14.2　ネットワーク構成とアドレス

などの周辺機器をネットワークを介して利用することである。外部ネットワークとの通信を必要とせず，家庭内のネットワークに閉じた通信である。

(2) 外出先とネットワーク内の通信は，外出先とネットワークA，または，Bとの通信である。家庭内のエアコンや照明の操作，PCを操作する**リモートデスクトップ**（remote desktop）の利用などである。

(3) インターネット上の他ネットワークとネットワーク内の通信は，東京と大阪など離れた支店のネットワークどうしをつなぐ拠点間接続や，ネットワークAとBなどを組み合わせ，ネットワークをまたがったサービス実現で用いられる通信である。例えば，ネットワークAとBに設置されたセンサーを組み合わせた防犯システムの実現や，11.2.2で学んだHEMSやBEMS，FEMSが組み合わさり，地域内のエネルギーを監視するCEMSなどで用いられる。

14.2.3 目的とする機器へのアクセス方法

インターネットに接続される全てのネットワークが，グローバルアドレスで構成されていればコンピューター間の通信を行う上での障害はない。**エンドツーエンド**（end to end）と呼ばれる，端末どうしの通信が直接行える状態になっているためである。しかし，現在のネットワークは，図14.2のように，プライベートアドレスで構成されたネットワークが混在しているため，コンピューター間の通信を実現するさまざまな工夫が必要となっている。例えば，(a) NAPT設定，(b) VPN，(c) 中継サーバーなどの方法である。14.2.2の分類で考えると，(2) 外出先とネットワーク内の通信は (a)，(b)，(c) のいずれかの方法で実現できるが，(3) インターネット上の他ネットワークとネットワーク内の通信は，(b) を用いて実現する。

(a) NAPT設定は，ルーターが提供するLANとWANをつなぐ機能を用いて実現する方法である。NAPTは，LANに接続された端末からWANを利用する機能であるため，逆方向であるWANからLANに接続された端末を利用することは通常できない。このため，ルーターのWAN側アドレスに届く特定ポート宛てのアクセスを，特定のLAN側機器に転送するように設定する**ポートフォワーディング**（port forwarding）と呼ばれる方法を用いて実現する。WANからLAN内に存在する機器の管理を行うサーバーへの転送を設定することで，WANからLAN内と同じサービスが利用可能となる。一方で，WAN側アドレスさえわかればインターネットから**サービスの利用**ができるようになるため，ID/パスワードによる認証を行うなど，セキュリティーに注意する必要がある。

プロバイダーから提供されるWAN側アドレスは，接続し直すと割り当てられるIPアドレスが異なることがある。インターネットからアドレスを特定する必要があるサーバーなどを接続する用途ではなく，一時的なインターネット接続を可能にすることを目的としているためである。IPアドレスが変更されると，以前使っていたアドレスは別のネットワークや端末の接続で用いられるため，インターネットからのネットワークへのアクセスができなくなる。このため，インターネットからプロバイダーに接続される特定のコンピューターにアクセスするサービスを利用する場合，一意のホスト名を用いてIPアドレスの変更に対応することがある。

DNS UPDATE（Dynamic Updates in the Domain Name System）と呼ばれる方法であり，動的にDNSデータベースを更新し，変動するIPアドレスに対して一意のホスト名を提供するインターネットで提供されるサービスである。**ダイナミックDNS**（**DDNS**：Dynamic DNS，動的DNS）とも呼ばれる技術である。**IETF**（Internet Engineering Task Force）によりRFC 2136として規格化されている。RFCはRequest For

Comment の略であり，インターネットに関する技術の標準を決める IETF によって発行される文章である。ルーターに割り当てられた WAN 側アドレスと希望するホスト名の対応を登録し，WAN 側アドレスが変更されるたびに，利用するダイナミック DNS サービスに通知する。このことで，WAN 側アドレスが変化しても，変化しないホスト名を用いたアクセスが可能になる。

(b) **VPN** は，12.2.3 で学んだように，インターネットに接続された端末とネットワークとの間に仮想的な専用線を構築する技術である。ネットワークどうしの接続でも用いられる方法であり，インターネットを介して離れた複数のネットワークを 1 つにまとめることができる。3.2.4 で学んだ**カプセル化**（encapsulation）により実現される。通信では認証が必要であり，データは暗号化されるため，漏洩や盗聴などの危険性は低い。

(c) **中継サーバー**（relay server）の利用は，直接目的の機器にアクセスせずに，インターネット上にある中継サーバーを経由して目的の機器にアクセスする方法である。ネットワーク内の機器を中継サーバーに定期的にアクセスさせ，やりとりするデータを中継サーバーに置く。外部からアクセスしたい端末は，中継サーバーにアクセスしてデータを取得し，間接的に通信を実現する。ルーター設定やネットワーク環境を考えることなく，外部からの通信を実現できる方法である。**クラウド**上にある仮想マシンを用いて実現することも多い。11.2.1 で学んだ M2M の通信で考えた通信の方向性で，LAN から M2M プラットフォームへの接続により通信を開始するのは，中継サーバーを用いてネットワークをまたがる通信を実現するためである。

14.3 Web ブラウザーを使ったシステム開発

HTML5 によるシステム開発を例にして，ネットワークを用いたシステムについて考えよう。

14.3.1　HTML5とアプリケーション

コンピューターで動作するアプリケーションの開発は，図14.1で見たようにプラットフォームや開発環境を整えて行われることが多い。開発されたアプリケーションは，特定の端末やOSの上で直接動作する**ネイティブアプリケーション**（native application）であることが多い。一方，近年のネットワーク接続を前提とする機器は，搭載されるWebブラウザーをシステム開発のプラットフォームとして用いる**HTML5**（エイチティーエムエル ファイブ）（Hyper Text Markup Language, Version 5）による開発が行われるようになってきた。Web技術を用いて構築されたアプリケーションであるため，**Webアプリケーション**（Web application）とも呼ばれる。第12章で学んだ，クラウドコンピューティングによるアプリケーション提供方法の1つでもある。

HTMLは，Webページを記述するマークアップ言語である。通信は，5.4.1(A)で学んだ**HTTP**により行われる。文章の構成や他のファイルへのリンクなどをタグを使って記述することで，テキスト，画像，ビデオ，他のページへのリンクなどを含むページを作成できる。1993年にHTML 1.0が規格化された後，徐々に機能が追加されてきた。2014年に第5版のHTMLとなるHTML5が規格策定団体W3C（ダブリューさんシー）より正式勧告された。従来のHTMLと異なり，WebページやWebアプリケーションの作成だけでなく，Webブラウザー上で完結するアプリケーション構築にも対応できるようになった。

HTML5は，Canvas機能を用いたグラフィック描画や，WebSocket（ウェブソケット）を用いた双方向通信，動画や音声の取り扱い，ファイルの読み書きやデータの保存などが可能となっている。ハードウエアへのアクセスなどに対応する API（Application Program Interface）も提供され，ネットワークに接続されていないオフラインの状態でも実行できるアプリケーション構築が可能となっている。つまり，HTML5 に対応する Web ブラウザーは，アプリケーション構築のプラットフォームとしても利用できるようになった。PC やモバイル端末だけでなく，自動車，テレビやゲーム機，電子書籍など，画面を持つさまざまな端末への応用が考えられている。

HTML は，Web ページという画面デザインを記述する言語であり，システムを開発する言語よりもユーザーインターフェースを開発しやすい。システムとは独立した Web ブラウザーで動作するため，同一プログラムを他のシステムに流用することも容易である。これまで蓄積されてきた Web 技術のノウハウを応用できることや，クラウドとの連携も容易であり，Web サービスと連携した機能の実現も容易という利点がある。

HTML5 を用いた端末構成の例を図 14.3 に示す。OS の上で Web サーバーを動作させ，HTML5 で記述した画面データを Web サーバー経由で Web ブラウザーに提供することでインターフェースを実現する。ハードウエアに接続したセンサーやアクチュエーターの操作が必要になる場合は，制御プログラムを作成して連携させる。ネットワークに接続されな

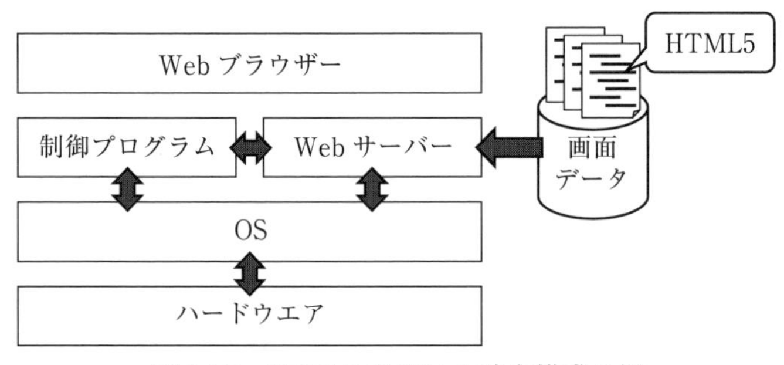

図 14.3　HTML5 を用いた端末構成の例

い端末の場合は，Webサーバーを用いずに，HTMLファイルをWebブラウザーが直接読み込む構成とすることもある。

端末をネットワークに接続して利用する場合，目的とする機能を実現するアプリケーションを作成してインストールする必要があった。アプリケーションは，サービスを提供する端末とアクセスしてくる端末の双方について準備が必要である。Webサーバーを用いると，アクセスしてくる端末側は既存のWebブラウザーさえあれば利用できるため，PCやモバイル端末といった，Webブラウザーを搭載する多種多様な端末にも対応が容易となる。

HTML5によってアプリケーションを開発することで，サーバーとなるサービスを提供する端末側での表示に要する負荷も少なくなる。WebSocket機能により描画する内容をデータとして表示を行うクライアントとなる端末に送信し，Canvas機能を用いてクライアント側のWebブラウザーによって描画を行うためである。サービスを提供するサーバー側で表示させる画像そのものを作成して送信するより処理も軽くなり，結果として通信量も少なくなる。従来のHTMLでは困難であった表示を行うクライアント側の端末に対する情報通知も，Webページを再読込せずに可能となるため，インターフェースを持ったアプリケーションの構築が容易になる。

14.3.2　多種多様な端末で動作するHTML5

コンピューターは，PC，モバイル端末など，さまざまな端末が用いられるようになった。時と場合に応じて使い分けるなど，利便性が向上した一方で，全ての端末に対応するアプリケーションの開発は困難が伴う。特にモバイル端末は，画面サイズなどのコンピューターを構成する物理的な装置の違いや，ソフトウエア面での違いが存在するためである。OS

バージョン，メーカー・機種によって提供される機能，プログラミングで用いる言語，端末で提供されるAPI，開発する環境などが異なることに起因する。同じOSであっても機種が異なれば調整が必要になることが多い。

アプリケーションを複数のプラットフォームに対応させることを，**マルチプラットフォーム**（multi-platform）対応や**クロスプラットフォーム**（cross platform）対応という。HTML5は，マルチプラットフォーム対応を実現するアプリケーション開発でも用いられる。さまざまな機器や画面サイズに1つのファイルで対応できるWebデザインを，**レスポンシブデザイン**（responsive design）という。ネットワークを介してWebブラウザーで利用するWebアプリケーションは，利用する端末にアプリケーションをインストールせずに利用できるだけでなく，**マルチデバイス**（multiple devices，multi-device）対応が容易である。ソフトウエアのバージョンアップも利用者の作業を必要とせず，常に最新のアプリケーションを提供できる利点もある。

特にモバイル端末向けのアプリ開発では，ネイティブアプリケーションとHTML5を組み合わせ，移植性を高める工夫が行われることが多い。Web技術を用いるが，Webアプリケーションではなく，ネイティブアプリケーションと同様の形で提供される。

HTML5を用いて開発されるアプリケーションは，さまざまな機器で用いられようとしている。13.3.3で見た**IVI**（アイブイアイ）（In-Vehicle Infotainment）は，HTML5によるアプリケーション搭載が検討されていることが多い。例えば，図14.4のように，車載機器はHTML5に対応したWebブラウザーを搭載し，Device APIを介して**車載ネットワーク**とやりとりを可能にする。そして，HTML5を用いてインターフェースやカーナビ，音楽再生などの機能を実現する。スマートフォンと接続されると，スマートフォン側

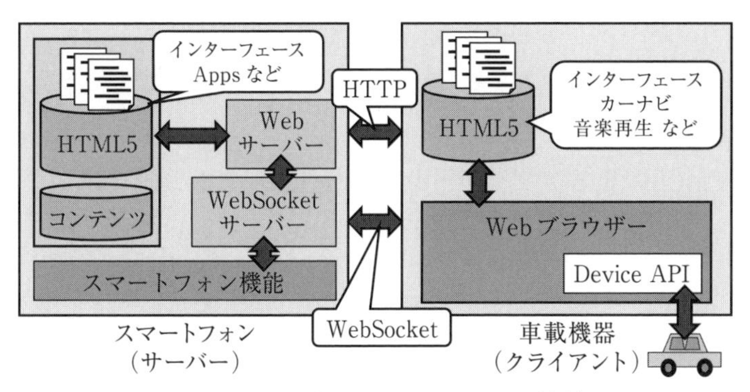

図14.4　IVIとスマートフォンの接続

に搭載されたWebサーバーを用いてHTTPにより通信を行う。車載器とスマートフォンの接続は，USB，Wi-Fi，Bluetoothのどれかを用いる。スマートフォン側にも車載機器用のインターフェースやアプリがHTML5で用意され，Webサーバー経由で車載機器と通信を行って用いられる。アプリケーション実行中のスマートフォンとの通信は，WebSocketを用いて行われる。Web技術を用いて**IoT**（アイオーティー）のためのサービスやアプリケーションを構築し，あらゆるモノがWebを通してつながることを**WoT**（ダブリューオーティー）（Web of Things）という。

演習問題 14

【1】ネットワークサービスを選択し，利用する上で必要となる心構えについて，利用する側，提供する側の両方の視点から考えてみよう。

【2】サービス構築で標準化されたプラットフォームが多く用いられるようになった理由を説明しなさい。

【3】プライベートアドレスを用いて構築されたネットワークに存在するコンピューターへのアクセスが，インターネットから困難である理由を説明しなさい。

【4】HTML5によるアプリケーションがさまざまな分野で用いられるようになった理由を，ネイティブアプリケーションと比較しながら説明しなさい。

参考文献

大村弘之：やさしいホームICT，電気通信協会（2011）.

小林雅一：ウェブ進化 最終形―「HTML5」が世界を変える，朝日新聞出版（2011）.

小林 透，瀬古俊一，川添雄彦：HTML5によるマルチスクリーン型次世代Webサービス開発，翔泳社（2013）.

久保田光則，アシアル株式会社：[iOS/Android対応] HTML5ハイブリッドアプリ開発［実践］入門，技術評論社（2014）.

Interface編集部：スマホ時代は最新HTMLでリモートI/O，Interface，Vol.39，No.9，pp.23-24（2013）.

山本隆一郎：HTML5×組み込みのメリット，Interface，Vol.39，No.9，pp.25-35（2013）.

酒澤茂之：車載にみるHTML5装置×スマホの可能性，Interface，Vol.39，No.9，pp.36-37（2013）.

三宅 理：HTML5の基礎知識，Interface，Vol.39，No.9，pp.38-41（2013）.

山本隆一郎：キーテクノロジ1…双方向通信WebSocket，Interface，Vol. 39，No.9，pp.42-43（2013）.

Interface編集部：作って試す！ Wi-Fi，Interface，Vol.38，No.11，pp.（2012）.

15 ネットワークと私たちの生活

《目標＆ポイント》 これまで学んできた内容を取りまとめ，今後のネットワークによるサービスの高度化について考える。ネットワークに接続されたコンピューターやセンサーなど多種多様な機器から得られた，さまざまな情報を活用するために利用するサービスについて学ぶ。その後，ネットワークに多数の機器を接続するために必要となるIPアドレスについて見る。現在の主流であるIPv4から膨大なアドレスを持ったIPv6への移行について考えるとともに，ネットワークサービスへの影響について見る。最後にインターネットで重視される標準化や，サービスの構築や活用の際に用いられるオープンソースやオープンデータについて学ぶ。

《キーワード》 サービスの高度化，IPv4，IPv6，標準化，オープンソース，オープンデータ

15.1 サービスの高度化と活用

これまで，ネットワーク技術やサービスについて学んできた。今後のネットワークサービスの展開について考えよう。

これまでに学んできたように，さまざまな機器がネットワーク接続に対応するようになった。PCやモバイル端末といったコンピューター以外に，プリンター，HDD（Hard Disk Drive）などの**周辺機器**，テレビやビデオなどのAV機器，生活家電やヘルスケア端末などである。ネットワークに接続できる機器の種類は，サービスの高度化とともに今後も増加する一方である。インターネットのWebページ閲覧にとどまらず，スマートフォンとの連携による機器の操作，**DLNA**や**HEMS**のように機

器どうしを連携させる利用や，**Web アプリケーション**など**クラウド**との連携，さまざまな機器からのデータを用いた分析などサービスの多様化も進んでいる。

家庭内 LAN など，ネットワークの役割は，コンピューターをインターネットに接続するだけでなく，多種多様な機器をつなぎ，さまざまなサービスを活用する基盤となる。ネットワークに接続される機器の増加に対する準備が必要である。

まず，ネットワークに端末を接続し，組み合わせて利用できる**相互運用性**（interoperability）の確保である。有線 LAN や **Wi-Fi**，**Bluetooth**，**NFC**（エヌエフシー）（Near Field Communication）など多様化するネットワーク接続方法に対応し，機器に適切な接続方法の提供を実現することである。接続方法の多様化とともに，今後も増加するネットワークに接続された機器を識別するアドレス体系の準備が急務となっている。

次に，さまざまなデータを**収集**（collection）し，**蓄積**（accumulation）する基盤の構築である。さまざまな端末をネットワークに接続しただけではサービスの利用はできない。利用者がやりたいことを具体化した上で，サービス実現で必要となる機器の導入やクラウドで提供されるサービスの選択を行い，目標とするサービスの構築が必要となる。利用者自身が継続的に利用できる仕組みの構築が重要である。利用者がコンピューターで作成するデータや，センサー搭載機器から得られるデータ，家庭内 LAN に接続された機器で行われた操作などのデータを収集し，クラウドなどで蓄積していく仕組みである。図 1.3 にある，実世界と仮想世界を連携させる作業である。

蓄積したデータは**分析**（analysis）し，社会活動への応用が期待されている。クラウド上に多種多様のデータが蓄積されることで，**統計手法**（statistical method）や**機械学習**（machine learning），**人工知能**（**AI**：

Artificial Intelligent）を用いて規則性を見いだし，異変の察知や近未来の予測に役立てることが期待されている。**ビッグデータ**（big data）の活用である。13.3 で見た，自動運転アルゴリズムの改善もその応用の 1 つである。私たちが作成するデータから趣味嗜好の傾向や行動パターンを分析し，利用者に通知するメッセージへの反映や，時間や場所に対応した情報提示などにも期待される。データが蓄積されるほど分析の精度が高まるほか，異なる種類のデータとの組み合わせにより応用範囲が広がるため，複数のサービスとの連携も求められる。

サービスはさまざまな情報を取り扱う。中には個人情報を含むこともあるため，サービスを安心して利用するセキュリティー機能も重要である。家庭内 LAN など，特定の範囲に閉ざされたネットワークのみで提供されるサービスであれば強固なセキュリティーは不要である。しかし，インターネットという，不特定多数の利用者があるネットワークを基盤として用いるサービスは，暗号化による通信を含め，情報漏洩や分析結果により個人を特定されないようにするセキュリティー対策が必要となる。

クラウドのサービスを用いる際に，利用者とサービス提供者の間での責任範囲を確認しておく必要がある。従来とは異なり，6.1.2 で学んだように，サービスを所有するのではなく，利用するためである。提供者が行うセキュリティー対策を把握し，利用者は不足する対策を補うことが求められる。セキュリティー対策は提供者によって異なるため，サービスごとに確認する必要がある。また，利用者はサービス利用で必要となる情報を確認し，セキュリティーの面から出すべき情報の整理も必要である。情報を出す場合はそのまま全て出すのか，特定できないように情報を一部加工して出すのかなど，サービスを利用する前のポリシー策定が重要となる。

最後に，使いやすいシステムの実現である。ユーザーインターフェースなどの操作性はもちろんであるが，システム機能拡張にも対応できる柔軟性の確保も必要である。特に，**IoT** といった，さまざまな機器やサービスを広くオープンに普及させるには，多くの人と連携しながら，ともに作り上げることができるさまざまな技術の活用が求められる。関心のある開発者や企業などが集まって議論を行う開かれた場が用意されていることや，プラットフォームとしてオープンに誰でも使うことができる標準化された技術が用いられることが重要となる。ここでいうオープン（open）とは，基本的な仕様や設計，**API**（エーピーアイ）（Application Program Interface）など接続方法などが公開されることである。異なるメーカーの製品を組み合わせた利用や，機能強化を行うことなども可能になる。結果として，端末をネットワークに接続することで，さまざまな機器や提供されるサービスの違いを意識することなく必要とする機能を利用できる環境の実現が理想である。サービスの継ぎ目のない**シームレス**（seamless）と呼ばれる状態である。

ネットワークに接続されたモノから得られる情報を用いてモノの動作を制御することで，これまで以上に私たちの生活をより便利に，そして，豊かに演出することが可能となる。モノから得られる情報を分析し，人間の自然な動きや状態をモノや環境のデザインに生かすための人間工学や，現象に対する人間の心や行動といった反応を科学的に明らかにする心理学といった学問の知見を組み合わせ，人間に適する環境となるようにモノを制御する。

15.2　IP アドレスとサービス

ネットワークサービスを充実させるには，さまざまな機器をネットワークに接続し，連携させて利用することが重要である。増加するネットワーク対応機器に対応するためのアドレス体系について考えよう。

15.2.1　IP アドレスと枯渇問題

これまで学んできたように，インターネットは TCP/IP を使ったパケット交換により通信を行っている。世界中に張り巡らされたネットワークであり，IP パケットを使うことで世界と通信できるインフラである。このため，図 9.2 にある**ホームネットワーク**のアーキテクチャーでも，全体の取りまとめは IP ネットワークが用いられている。

現在主流で用いられている **IP アドレス**の体系は，**IPv4**（IP version 4）である。32bit で構成されているため，アドレスは，最大 2^{32} = 4,294,967,296 = 約 43 億（個）存在する。膨大な数ではあるが，世界人口よりも少ない数である。PC やスマートフォンなど，ネットワークに接続する端末を 1 人 1 台以上使うようになってきたことや，クラウド上にもサービス提供のために膨大な数のサーバーが存在することから，**グローバルアドレス**は明らかに不足する状態となっている。

アドレス不足を補うため，**プライベートアドレス**を組み合わせた利用が行われている。しかし，インターネットとの接続では 14.2 で学んだようにアドレス変換が必要となり，プライベートアドレスで構築されたネットワークに接続された機器への接続は工夫が必要となることから，サービス構築の障害となりがちである。元来インターネットは，**エンドツーエンド**（end to end）と呼ばれる通信が基本であった。インターネットに接続された全ての端末は常時接続され，インターネットのどこからでもアクセスできるという通信である。

今後も増加する多種多様なネットワーク機器のインターネット接続に対応し，エンドツーエンドによる通信を実現するために，**IPv6**（IP version 6）への移行が進められようとしている。アドレスは 128bit で構成されるため，最大 2^{128} = 約 340 澗（個）の IP アドレスが存在する。IPv4 での経験を踏まえ，IP アドレスなどネットワーク設定を自動化する**プラ**

グアンドプレイ（Plug and Play）機能，暗号化通信を実現する**IPsec**（アイピーセック）（Security Architecture for Internet Protocol），リアルタイム伝送などに対応する**QoS**（キューオーエス）（Quality of Service）などの機能も持つ。

15.2.2　IPv4 と IPv6 の共存環境における接続

IPv4 や IPv6 は，OSI 参照モデルの第 3 層に対応する機能である。考える上では IPv4 の機能を IPv6 に置き換えるだけであるが，IPv4 と IPv6 は互換性がないプロトコルである。ネットワーク機器に組み込まれる機能であるため，普及が進んだ IPv4 から IPv6 への移行は困難が伴う。IPv4 対応機器を IPv6 対応機器に入れ替えるコストが必要となるほか，保守の問題などから IPv6 への移行が困難である機器も存在するためである。対応が必要となる機器としては，OSI 参照モデル第 3 層の処理を担当するルーターや，IP アドレスを設定するコンピューターの OS などである。IPv6 の普及はネットワークサービスの高度化とともに進むことが期待されるが，切り替えが完了するまでは，IPv4 と IPv6 の共存に対する考慮が求められる。

現在，これまでの IPv4 対応機器が存在する中で IPv6 の普及が進みつつある状況であるため，インターネットには，図 15.1 に示す 3 種類の機

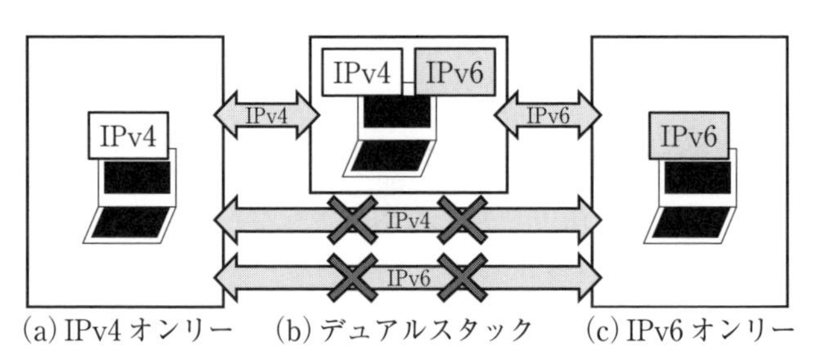

図 15.1　IPv4 と IPv6 間の接続

器が混在している。IPv4のみに対応する(a) **IPv4 オンリー**（IPv4 only），IPv4とIPv6の両方に対応する(b) **デュアルスタック**（dual stack），IPv6のみに対応する(c) **IPv6 オンリー**（IPv6 only）である。

IPv4とIPv6はアドレスの表現方法が異なることから互換性がなく，お互いに通信はできない。IPv4はIPv4に対応する機器どうし，IPv6はIPv6に対応する機器どうしの通信となる。混在する環境では，どちらか一方しか対応しない機器は使いにくいため，同一の端末で両方に対応するデュアルスタック対応機器が適するといえる。IPv4とIPv6の2つのプロトコルスタックを搭載し，それぞれのプロトコルを使ってIPv4オンリーやIPv6オンリーとも通信できる機器である。IPv4の環境を残しつつIPv6に対応できる利点がある。デュアルスタックを搭載する機器は，IPv4とIPv6の両方のネットワークに接続できるが，お互いのネットワーク間の仲介を行う機能は持たない。IPv4とIPv6という独立した2つのネットワークのどちらにも接続できる機器といえる。

15.2.3　混在環境における相互接続の実現

IPv4とIPv6が混在するネットワークの通信について，図15.2を見ながら考えよう。NW-aはIPv4，NW-bはデュアルスタック対応ルーターによってIPv4とIPv6，NW-cはIPv4，NW-dはIPv6で構成されたネットワークである。

デュアルスタックであるNW-aに接続されたPC-Aと，NW-dのPC-Bの間でIPv6を用いて通信を行うことを考えよう。PC-Aの接続ネットワークがIPv4であり，途中経路にIPv4のネットワークが存在するため，IPv6を用いて通信することはできない。このように，IPv4とIPv6が混在したインターネットでは，ネットワークそのものはお互い物理的に接続されているにもかかわらず，IPv4とIPv6というプロトコルの違いに

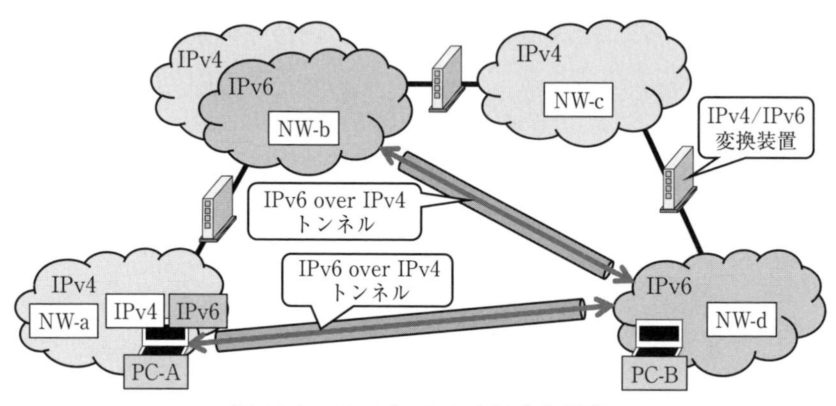

図 15.2　IPv4 と IPv6 の混在と通信

よってネットワークが分断され，通信できないことがある。相互接続性を確保するため，お互いのネットワークをつなぐ仕組みが必要になる。

PC-A と PC-B の間で IPv6 を用いた通信を実現するには，PC-A と NW-d の間で IPv6 のパケットを流す**トンネル**（tunnel）を構築して通信を実現する。トンネルは，**トンネリング**（tunneling）と呼ばれることもある。IPv4 ネットワークに作成される IPv6 による通信を実現する仮想的な通信路である。仮想的な通信路の入り口では，IPv6 のパケットに IPv4 のヘッダーを取り付けるカプセル化を行い，IPv4 のネットワークで流せるように加工する。出口ではカプセル化を解除する。3.2.4 で学んだカプセル化，カプセル化の解除と同じ処理である。IPv4 ネットワークを通過させて IPv6 ネットワークを接続する技術である。PC-A と PC-B の間での通信では，PC-A でカプセル化を行い，PC-B が接続される NW-d に設置された機器でカプセル化を解除することで，IPv6 による通信が実現される。逆方向の通信は，逆の手順で行う。カプセル化や非カプセル化を担当する機器は，ルーターであることが多い。

端末とネットワークを結ぶだけでなく，ネットワークどうしを結ぶこともある。NW-bのように，IPv4とIPv6が同一ネットワークに構築された場合，IPv4ネットワークはインターネットと接続できるが，IPv6ネットワークはインターネットと接続できないため，孤立することになる。NW-bと接続されるネットワークがIPv4であるためである。このため，NW-dと接続するなど，IPv4ネットワークをまたいだ接続が必要となり，トンネルを構築して接続する。NW-bとNW-dに，IPv6パケットをIPv4で流せる形にカプセル化やカプセル化解除を行う装置を設置して接続する。

トンネルを用いたネットワーク接続は，インターネットを介して移動先から職場や家庭のネットワークへの接続や，離れた場所にあるネットワークどうしの接続を行う**VPN**（ブイピーエヌ）（Virtual Private Network）構築の技術が用いられている。送信元と宛先が同じIPバージョンを使用し，パケットの中継区間が異なるIPバージョンである場合に適する。IPv4ネットワークを経由してIPv6による通信を行うことを，**IPv6 over IPv4 トンネリング**（IPv6 over IPv4 tunneling）という。**IPv6 over IPv4**と呼ぶこともある。逆に，IPv6ネットワークを経由してIPv4の通信を行うことは，**IPv4 over IPv6 トンネリング**（IPv4 over IPv6 tunneling）という。**IPv4 over IPv6**ともいう。IPv6の普及が進むと，一般的になると考えられる。

IPv4とIPv6どうしのネットワーク接続は，プロトコル変換を用いる方法もある。パケット解析を行い，アドレスを相互に変換してお互いの通信を実現する方法である。NW-cとNW-dの接続のように，IPv4オンリーとIPv6オンリーのネットワークを接続する場合に用いられる。アドレスの変換テーブルを用いる方法などがある。

15.2.4 IPv6 とサービス

次に，IPv6 を用いたサービスについて考えよう。ネットワークに期待することとして，必要とするサービスが利用できることがある。ほしい情報やソフトウエアを手に入れたり，ネットワークに接続された機器と組み合わせたサービスの提供などである。いつでもどこでも，インターネットに接続さえすれば，必要とするサービスが同じように利用できることが理想である。しかしながら，現在のインターネットは，接続とともに IP アドレスが変化し，グローバルアドレスやプライベートアドレスが混在することから，接続される場所によって利用できるサービスが異なる。

IPv6 に移行すると，膨大なグローバルアドレスが存在するため，プライベートアドレスを用いたネットワーク構築は減少し，通信の透過性が向上する。**NAPT**（ナプト）（Network Address Port Translation）が不要となり，インターネット上でエンドツーエンドによるサービス提供を実現する端末を増加させることができる。また，IPsec が標準実装されているため，通信のセキュリティーも向上する。一方で，インターネットに接続することを前提にしないネットワーク構築向けのプライベートアドレスに相当するアドレスも用意されており，用途に応じた使い分けも可能となっている。

IPv6 は，インターネットに数多くの機器を接続することを可能にし，エンドツーエンドによる通信を実現する。インターネットにサービスを提供するサーバーの接続だけでなく，センサーの接続や IPTV（アイピーティービー）（Internet Protocol TV）の実現など，豊富なアドレスの存在が前提となるサービスの実現も期待されている。

センサーはさまざまなところで用いられるようになった。例えば，家やビルなどの建物を監視するセキュリティー用途である。カメラや人感センサー，ドア開閉センサーなど多数のセンサーが用いられる。防災や防犯など，用途によって異なる種類のセンサーが必要になることや，システム間で重複するセンサーもある。空調や照明，情報通信機器など，制御対象となる機器もそれぞれに存在する。導入する用途ごとに管理するシステムが異なるため，センサーを接続するネットワークもそれぞれ独自に構築されることが多かった。

センサーや制御対象機器へのアクセス方法を 1 つにする標準化が必要となるが，IPv6 ネットワークを用いることで，全てのセンサーや制御対象機器を 1 つのネットワークにまとめることが可能となる。結果としてネットワーク設置に要するコストを低減できる。アクセス方法を標準化するプロトコルの例として，9.3.3 で学んだ **ECHONET Lite** がある。

IPTV は，IP を利用したテレビ放送である。電波による放送ではなく，IP パケットを使って映像を伝送するため，モバイル端末など，対応する多種多様な端末でテレビで楽しむことができるようになる。IPv6 によって，端末の増加に対応できるだけでなく，**マルチキャスト**（multicast）機能により，複数の端末への送信を一斉に行うことが可能となっている。

15.2.5　IPv6 とモバイル通信

モバイル端末が普及するようになり，無線 WAN を使ってどこにいても通信ができるようになっている。さらに，第 13 章で学んだように，移動が前提となる自動車もインターネットに接続されるようになりつつある。

モバイル環境におけるインターネット接続に対する考え方は 2 つある。1 つ目は，利用者が置かれた場所で利用できるネットワークを使って，資源へのアクセスを可能にする接続の実現である。機器をその場で利用できるネットワークを経由してインターネットに接続し，サービスや**アプリケーション**が利用できればよいという考え方である。接続で用いられる

IP アドレスやネットワーク環境の再現は保証されないため，移動中に IP アドレスが変化すると接続が切断されることがある。もう 1 つは，接続されるネットワークが利用中に変化しても，同じ IP アドレスを継続して利用できる仕組みを実現し，利用中のサービスに影響を与えることなく通信の継続が保証される接続である。家庭内 LAN や職場の LAN など，普段使っている環境を移動中も再現するという考え方である。**Mobile IP**（モバイルアイピー）という技術を使って実現される。

14.2.3 で学んだように，固定された IP アドレスを用いない機器と継続して通信を行うには，さまざまな工夫が必要である。映像配信のように，モバイル端末から情報発信するようなサービスは，インターネット側からモバイル端末へのアクセスが必要になる。IP アドレスが固定されていないと，更新されるたびに通信相手に通知が必要となるだけでなく，接続も切断されてしまう。Mobile IP によって，自動車やモバイル端末でも安定した双方向通信が実現される。

15.2.6　多種多様な機器に対応する IPv6

IPv6 は，ネットワークに接続されるさまざまな機器への対応も考慮されている。搭載されるコンピューター性能が低い機器では，IPv6 の機能を全て搭載させることが困難であるため，最低限のネットワーク機能を実現する**情報家電向け IPv6 最小要求仕様**（Minimum Requirement of IPv6 for Low Cost Network Appliance）と呼ばれる仕様がまとめられている。5.3.3 (C) の UDP の例で学んだように，コンピューターの性能が厳しい機器では，全ての機能を実装するよりも，ネットワークへの接続性を重視することが実用上望ましいためである。

仕様の開発は，2008 年に解散した財団法人 情報処理相互運用技術協会（INTAP（インタップ）：Interoperability Technology Association for Information

Processing, Japan）情報家電安全性技術委員会により行われた。対象となる機器は，ゲーム機，AV機器，センサー，デジタルカメラなどの組み込み機器，冷蔵庫やオーブンレンジなどの白物家電などである。

15.3　インターネットと開かれた技術やデータ

これまで見てきたように，インターネットは通信を実現するだけでなく，さまざまなサービスを提供する。インターネットは標準化された規格が用いられることが多い理由や，オープンソースを使ったシステム構築が一般的になった理由，解析のために公開されているオープンデータについて考えよう。

15.3.1　規格の標準化

インターネットは，世界規模でさまざまな機器が接続されるネットワークである。接続される機器は，全てTCP/IPというプロトコルによって通信を行っており，他のプロトコルは使われていない。接続される機器のメーカーや機種などの違いがあっても，TCP/IPという規格によってお互いに通信が実現されているともいえる。このように，システムの違いなどに影響されず，互換性を実現する規格を**標準**（standard）といい，標準を決める過程を**標準化**（standardization）という。

インターネットは，開かれたネットワークやオープンなネットワークと呼ばれる。だからといって，無秩序にさまざまな規格が使われているのではなく，相互運用性を高めることを目的として，さまざまな技術が標準化されて用いられている。しかしながら，Webやクラウドに関連する技術のように，技術の急速な進展を伴う分野では，標準化が間に合わずに類似の規格がいくつか登場することがある。このようなときは，類似規格に基づいた複数の実装が登場することもある。標準化の動向を見ながら機器やソフトウエアを選択することが求められ，開発では類似規格の違いを考慮した実装の工夫が求められる。開発に要する手間を軽減させ，機器やソフトウエアの選択の幅を狭めず，多くの機器やソフトウエアを用いた相互運用性を高めることを目的として，インターネットでは規格の標準化が進められることが多い。

15.3.2 オープンソースソフトウエア

近年のシステム開発は，**オープンソースソフトウエア**（OSS（オーエスエス）：Open Source Software）が用いられることが多い。従来は全て自前で構築することも多かったが，これまで学んできたように大規模なシステムになるほど全て自前で構築することが困難になりつつあるため，プラットフォームは，必要に応じて修正ができるオープンソースソフトウエアが用いられる。OS や**仮想化技術**（virtualization technology）を実現する**ハイパーバイザー**（hypervisor），分散処理技術など，サービス構築に不可欠であり，複雑な処理を実現するソフトウエアがインターネットなどで公開されている。また，システム開発で必要となるプログラミング言語の開発ツールや，ソフトウエアを開発する上で必要なツール一式がまとまった統合開発環境（IDE（アイディーイー）：Integrated Development Environment）などもオープンソースソフトウエアとして公開されている。

クラウドのシステムは，オープンソースソフトウエアを用いてプロバイダー自身の手で開発されていることが多い。データセンター向けで一般的に用いられるソフトウエアは存在しないため，それぞれのプロバイダーが必要とする機能に特化したシステムの開発が進められているためである。オープンソースソフトウエアを用いることで，基本的な機能を効率的に実現できるだけでなく，機能や性能に関する問題が発生した場合にも対応可能となる柔軟性が生まれる。

15.3.3　オープンデータ

クラウド上のコンピューターを活用し，さまざまな解析を行うときに必要になるのはデータである。センサーやコンピューターから集められるデータをさまざまなデータと組み合わせて，さまざまな解析の実現が期待される。近年，科学技術のデータや，政府が持つ統計や地図などの公共データが**オープンデータ**（open data）として二次利用可能な形で公開されるようになった。コンピューターでの利用に適する形式で公開されており，コンピューターでの解析に利用しやすいデータとなっている。災害情報の可視化や，店舗の出店計画などに用いることや，自分のデータと公共データを組み合わせて，異変の察知や近未来の予測に用いることなどが期待される。

演習問題 15

【1】高度になるネットワークサービスの活用について，自分なりの考えをまとめよう。

【2】IPv4 から IPv6 への移行が考えられている理由について，サービス高度化の観点から考えよう。

【3】情報家電向け IPv6 最小要求が必要とされる理由を考えよう。

【4】身近にあるオープンソースソフトウエアやオープンデータが用いられている例について示し，用いられる理由について考えよう。

【5】標準化された技術がインターネットで用いられることが多い理由を説明しなさい。

【6】生活を豊かにするためのネットワーク利用について考えてみよう。

参考文献

アンドリュー・S・タネンバウム，デイビッド・J・ウエザロール（著），水野忠則，相田 仁，東野輝夫ほか（訳）：コンピュータネットワーク 第5版，日経BP社（2013）．
一色正男，笹川雄司：HEMSのためのWoT（IoT），技術総合誌「OHM」2014年3月号，pp.12-14（2014）．
大澤文孝：IPv6導入ガイド，工学社（2011）．
大元隆志：IPv4アドレス枯渇対策とIPv6導入，リックテレコム（2009）．
志田 智，小林直行，鈴木 暢，井上博之ほか（著）：マスタリングTCP/IP IPv6編 第2版，オーム社（2013）．
小川紘一：国際標準化と事業戦略―日本型イノベーションとしての標準化ビジネスモデル，白桃書房（2009）．
徳田昭雄，立本博文，小川紘一：オープン・イノベーション・システム―欧州における自動車組込みシステムの開発と標準化，晃洋書房（2011）．
濱野賢一朗，鈴木友峰：オープンソースソフトウェアの本当の使い方，技術評論社（2007）．
ルイス・アンドレ・バロッソ，ジミー・クライダラス，ウルス・ヘルツル（著），Hisa Ando（訳）：クラウドを支える技術―データセンターサイズのマシン設計法入門，技術評論社（2014）．
朝日孝輔，大友翔一，水谷貴行，山手規裕：[オープンデータ+QGIS] 統計・防災・環境情報がひと目でわかる地図の作り方，技術評論社（2014）．
長谷川洋三：自動車設計革命―TPPに勝つもの作りの原点，中央公論新社（2013）．

あとがき

ネットワークサービスは今後，どのように変化していくでしょうか。誰も予測ができないほど，高度なことが実現されるようになりつつあります。

本書では，限られた時間の中でも理解いただけるよう，通信技術の基礎，コンピューター技術，応用としてネットワークサービスのしくみという3つのテーマを設定し，今後のネットワーク社会を理解するための基礎知識と思われる内容に絞って話を進めました。通信規格を理解するためによく使われるOSI参照モデル，TCPやUDPといった通信プロトコルなど，通信を理解するために必要と思われる知識については丁寧に説明したつもりです。

本書がこれまでは中身がわからないブラックボックスだった技術について興味を持っていただくきっかけとなり，今後の社会や生活について考えるきっかけにつながることを期待しています。ある程度理解できれば，参考文献などを参考に，実際に手を動かしてネットワーク構築を行い，何らかのネットワークサービスを使いながら試行錯誤してみてください。ネットワークを使ったプログラミングに挑戦すると，より理解できるようになるでしょう。ネットワークやコンピューターへの関心を高めていただき，より専門性の高い書籍などへの挑戦につながれば，筆者としては望外の喜びです。

2020年 吉日

葉田　善章

演習問題解答例

演習問題の解答例を示す。テキストや資料などを調べ，自分の言葉で解答が書けるように努力してほしい。

第 1 章

【1】ネットワークを用いる理由は省略するが，コンピューターやネットワークサービスの例を示す。自分の場合で考えてほしい。
使っているコンピューター：パソコン，スマートフォン，メディアプレーヤーなど。
ネットワークサービス：Web ページの閲覧，メールの読み書き，ファイル共有，プリンター共有，メッセンジャーアプリ，SNS，ネットワーク経由によるデータやソフトウエアの利用（クラウドサービス）など。
【2】ネットワークは，複数のコンピューターを結んで何らかの情報を共有するシステムである。データそのものや，何らかの情報を数値に対応づけて他のコンピューターとやりとりを行う。ネットワークを使わない場合は，機器そのものが把握した情報を使って対応できる範囲内の動作となる。ネットワークを用いることで，空間のどこかにばらばらに置かれて自律的に動作している機器どうしの情報交換が可能となる。さまざまな場所に存在する機器と協調した動作を実現でき，生活を便利に，そして，豊かにする機能が実現可能となるため，さまざまな機器がネットワークに接続されるようになりつつある。
【3】センサーはさまざまな場所に設置されるようになった。人間の存在を検知する人感センサーを考えると，屋外や玄関，廊下などに設置された照明の自動点灯や，自動ドア開閉，水道の自動水栓，トイレの便器洗浄などで用いられている。人感センサー以外にも，台所などに設置されるガス漏れを検知するガス警報器や，煙や温度を検知する火災報知器，明るくなると自動的に点灯する照明器具などもある。家電に目を向けると，

エアコンなどの空調機器には温度や湿度のセンサー，洗濯機など水を扱う機器には水位センサーなどが搭載されている。ゲーム機のコントローラーやモバイル端末にも搭載されており，身の回りにはさまざまなセンサーがすでに存在している。しかし，ネットワーク接続されていないため，それぞれのセンサーは機器の中で独立して動作している。

センサーが機器とは独立した端末となってネットワーク接続されると，設置された環境の状況を監視や追跡，制御する**センサーネットワーク**が構成される。センサーネットワークを用いることで，機器が提供する機能と，センサー機能を分離することができる。取得したい場所に取得したい情報が計測できるセンサーを設置しておき，センサーの情報を利用する機器をネットワークに接続することで，設置された空間全体の情報を踏まえた機器の動作が実現される。また，外出先のネットワークに接続されたセンサーと家庭のセンサーとの連携も可能となる。さまざまな情報を組み合わせたサービスの実現や，モバイル端末のアプリによるサービス展開も期待できるため，センサーがネットワークに接続されるようになった。

【4】第13章を参照のこと。

【5】省略

第2章

【1】省略

【2】ルーター接続は，経路，つまり，ルート（route）決定を伴うネットワークどうしの接続である。端末から出されたパケットの宛先を確認し，ネットワーク内のみで完結する通信か，他のネットワークへの転送を行うのか，ネットワークどうしをつなぐ装置であるルーターを用いて判断する接続である。一方，ブリッジ接続は，ネットワークどうしを結びつける接続である。有線と無線のように，異なる通信規格により構築されたネットワークを1つにまとめる場合などに用いられる接続である。

【3】（例）ADSL，CATV，FTTH，3G/4G/5G，WiMAX など

【4】インターネットは多数のコンピューターが接続されたネットワークであり，端末どうしで行われる通信が通信設備を共有することで実現されている。利用者によって通信を行うデータ量も利用パターンも異なり，他の利用者が通信設備を利用している状況を把握できないため，実際に通信する際の速度を示すことは困難となる。このため，回線そのものの最大通信速度は示すことはできるが，混み具合によって通信速度が変化するベストエフォート型の通信となることが多い。通信速度を保証する設備が不要であるため，インターネットへの接続性を確保しつつコストを抑えたサービス提供ができるため一般的に用いられている。

第3章

【1】通信機能はさまざまな要素が組み合わさって構築される。表3.1に分類しているように，0と1を電圧や電波で表現する要素や，0と1で構成されたビット列を区切る要素，ビット列をフレームとして認識する要素，フレームに含まれるパケットを認識する要素，パケットを束ねて1つのデータにする要素，確実にパケットが送信されているかを確認する要素などがある。要素の中には，有線や無線といったデータを転送する媒体や通信速度といった通信規格の違いで異なるものや，通信規格が異なっても変化しないものもある。つまり，通信規格の違いに対応し，さまざまな接続方法に柔軟に対応できるよう，複数のプロトコルを組み合わせて通信機能を実現している。

【2】モデルは，重要ではない動作を省いて考えるために用いられる。通信機能そのものの動きをそのまま考えるよりも，重要ではない動作が省かれているため全体の動作が考えやすくなる。実際に行われている通信機能は複雑な動作をしているため，その動きそのものをとらえることは困難となるためである。モデルを用いて考えるのは，通信機能を構成する重要な事象に注目し，単純化して考える工夫といえる。

【3】3.3.2にあるように，OSI参照モデルは一般的な通信に含まれる機能について整理されたモデルである。さまざまな通信プロトコルと比較し

ながら通信機能を考えることが可能となるため，実際には実装されていないにもかかわらず用いられている。
【4】カプセル化や非カプセル化は，階層構造を持ったデータを取り扱う工夫である。通信で取り扱うデータは，階層ごとに処理が行われるため，データの取り扱いはプロトコルスタックの階層ごとに異なるものになる。アプリケーションから通信のために渡されたデータは，上の層から下の層に渡されるときに，処理した結果をヘッダーやトレーラーの形で付加していく。データを入れ物に包むことに例えられる処理であることから，カプセル化という。カプセルの中に入れるという意味である。一方で，物理層で受信したデータを上の層に渡す処理は，カプセル化とは逆に，ヘッダーやトレーラーを取り外すことで行われる。入れ物に包み込まれたデータを取り出すことに例えられる処理であるため，非カプセル化やカプセル解除という。カプセルの中に入れることとは逆の，カプセルから取り出すという意味である。
【5】OSI 参照モデルは理論的にはよく考えられている一方で，仕様が複雑であることから実装が難しい。OSI 参照モデルに基づくネットワークの実装が登場するよりも先に，TCP/IP は研究機関や大学で広く用いられていたことが普及が進んだ理由である。3.3.2 にあるように，通信モデル，つまり，通信理論よりも実際に通信できる技術の開発を優先しながら進歩してきたためである。

第 4 章

【1】CPU，DSP，GPU はプログラムを構成する命令を解釈して演算やデータ加工などの処理を行うプロセッサーであり，それぞれ得意とする処理が異なるため，用途に応じて選択されている。CPU はさまざまな処理をこなすことができる命令を持つ汎用プロセッサーであり，OS やアプリケーションのように，並列処理が少なく，さまざまな命令が組み合わさったプログラムの命令を１つ１つ実行していくような用途に向いている。DSP は，音声や画像，映像のように，単一の処理を流れ作業で行う

ようなデータ処理に向いたプロセッサーである。1回の命令で複数のデータをまとめて処理することが可能である。GPUは，並列演算処理に適したプロセッサーである。並列に実行できる演算が数多く存在する，画像や映像の加工処理，大気や液体の分析といった数値解析などの実行に向いている。

【2】PCは，小型化よりも性能を重視するため，CPUやメモリー，ハードディスクドライブといったコンピューターを構成する部品が独立している。特にデスクトップPCは，後で交換できる設計になっていることも多く，部品の選択によって求める性能が実現しやすい構成になっている。一方で，スマートフォンは小型化を重視するため，SoCと呼ばれるコンピューターを構成する複数の部品が組み合わさったICを用いて構築されることが多い。コンピューターを構成する部品は後で交換することは困難となるが，構成する部品点数が少なくなるため，製品の小型化に貢献している。

【3】モバイル端末は，バッテリーで駆動されることが多く，性能と省電力のバランスを考慮しながら制作コストに見合った性能を持つ部品が選定されるため，アプリ実行に余裕を持ったプロセッサーの性能を追求できるとは限らない。このため，PCとは異なり，プロセッサーを常に100％近く使っても，ソフトウエアによって必要とする処理が適切に実行されるように設計し，プロセッサーの性能を補う工夫がなされるため，性能を追求しないことが多い。

【4】ファームウエア更新の方法については省略。

　ファームウエアは，機能の修正や追加のために提供される。ファームウエアを更新することで，新たな機能の追加や不具合の修正，OSバージョンのアップデートなどが行われる。自分がお持ちの製品のサポートページを訪問して，ファームウエアの更新状況や変更内容について確認しておこう。

【5】4.2.2を参照のこと。

第5章

【1】インターネット上で行われる通信はさまざまな種類があるが，基本的な通信の性質はTCPとUDPの2つに分類できるためである。データ通信で用いられる，少々通信が遅くなっても誤りなく確実にデータの転送を行うTCPと，テレビ会議システムなどで用いられる，リアルタイムでデータを配信するUDPである。2つの通信は特性が異なるため，アプリケーションによって使い分けられている。

【2】ビデオ会議システムなどの配信では，映像や音声がリアルタイムに届けられるよう，制限時間内に宛先にデータを送信する通信の仕組みが求められる。UDPは映像や音声のデータをパケット単位で取り扱うために通信にかかる処理が少なく，TCPよりも高速に送信することが可能である。UDPの通信そのものはパケット紛失への対応を行う機能はないが，受信側でエラー訂正などによって対応を行う。万が一，エラー訂正ができずに一部のデータが欠落したり，ノイズが入っても，映像や音声は最終的には人間の判断によって対応できるため，完全なデータ通信よりもリアルタイム性を重視するためにUDPが用いられている。

【3】IPアドレスはネットワーク上に存在するコンピューターを特定するアドレスであり，ポート番号は通信を行うアプリケーションを特定するために用いる番号である。IPアドレスはネットワーク上のパケットの通信で用いられるが，ポート番号はパケットがコンピューターに到達し，プロトコルスタックで処理が行われる際に用いられる。

【4】家電に搭載されるようなコンピューターは，ぎりぎりのリソースを工夫しながら動作していることが多い。リソースへの負担が少なく，通信に必要な機能を絞って実装できるUDPが選択されることがある。また，伝送路をできるだけ多くの端末で共有して利用したい場合，見かけ上の通信路容量を稼ぐためにUDPが用いられることがある。5.3.3(C)を参照のこと。

このほか，TCPは1：1の**ユニキャスト**（unicast）による通信を実現するが，UDPは1：1だけでなく，**マルチキャスト**（multicast）と呼ばれる1：多の通信も実現できるため，ビデオ会議システムや動画のストリーミング配信など，ネットワーク負荷を軽減しつつ複数の端末との通信を実現するためにUDPを用いることがある。

第6章

【1】オフラインはネットワーク接続されていない状態，オンラインはネットワーク接続された状態を表す言葉である。オフラインでは，コンピューターにインストールされたアプリケーションの利用が中心であり，ワープロや表計算といったオフィスソフト利用のように，利用者がコンピューターを操作することが中心となる。オンラインになると，他のコンピューターが持つ資源の利用が実現する。メールの送受信やメッセンジャー，SNSなどを介した他の人とのコミュニケーションや，Webページの検索や閲覧，プリンター共有やファイル共有などが可能となる。常時接続になると，オンラインとオフラインの作業を意識せずに行うことが可能になる。オフィスソフトを使いながら調べ物をすることや，ネットワークに接続されたプリンターへの印刷，NASに保存されたファイル共有などがシームレスに可能となる。

【2】集中処理は，処理を担当するホストコンピューターが全ての対応を行う方式である。ホストコンピューターにトラブルが発生すると，サービスに影響が出るという欠点を持つが，運用ではホストコンピューターのみを管理すればよいという利点がある。一方の分散処理は，サービスを提供するコンピューターの役割分担を明確にして，複数のコンピューターを組み合わせてサービスを担当する方式である。運用では複数のコンピューターを管理する手間が発生する欠点はあるものの，シンプルなサービスを組み合わせるため，トラブルが発生しても影響を受ける範囲は集中処理に比べて限定的になることが多い。また，機能を拡張する場合は，担当するサーバーやクライアントの変更だけで対応できる利点がある。分散システムの構築では，負荷や安定性などを考慮して機能を分散させるだけでなく，冗長化も併せて行い，サービス提供の信頼性を高

める工夫がとられることも多い。

【3】多数のコンピューターをクラウドというネットワークの中に構築することが可能となったためである。クラウドの中にあるサービスを構成するコンピューターは，インターネットからはサービスを提供する必要最低限のコンピューターしか見ることができず，見かけの上では分散処理であるが，集中処理のように捉えることができるためである。詳しくは，第12章で学ぶ。

【4】一般的にいわれるミドルウエアは，OS機能を拡張するようなソフトウエアを表す言葉である。アプリケーションが動作する上で必要になる機能を提供するソフトウエアである。プログラム動作に不可欠なデータを蓄えるデータベースや，プロトコルスタックなどの通信機能，動画や静止画を取り扱う機能や，ネットワーク上のサーバーとのやりとりといった他のコンピューターとの通信を取りまとめる機能などを担当する。いくつかのアプリケーションで共通に利用できるようにしたものといえる。

一方，グリッドコンピューティングで使われるミドルウエアは，ネットワーク上に散在するグリッドを構成するコンピューターを管理する処理や，グリッドを管理するコンピューターからの命令を受けて実行する機能を持ったソフトウエアである。アプリケーションを実行するOS機能を拡張し，グリッドを利用しやすくするソフトウエアである。

【5】（例）さまざまな場所で利用しやすくするコンピューターの小型化，長時間利用できるようにする省電力技術やバッテリー，仮想世界に実世界の様子を反映させるセンサー技術，ユーザーからの情報を取得したり，仮想世界からの情報を利用者に提示するウェアラブル技術，センサーからの情報やユーザーが作成したデータを解析する技術やサーバー技術などである。

第7章

【1】OSI参照モデルで考えると，スイッチングハブは第2層，ルーターは第3層を担当する機器である。スイッチングハブは，同一ネットワー

クに流れるMACアドレスに基づいたフレームの交通整理を担当するほか，端末を接続するために用いられる。ルーターはネットワークどうしを接続するために用いられ，ネットワークどうしで行われるパケットの交通整理をIPアドレスに基づいて行う。ネットワーク上において，ルーターは他のネットワークと接続するところで用いられ，スイッチングハブはネットワーク内で端末を接続するために用いられる。

【2】TCP/IPで考えると，パケットは，インターネットで用いられるデータ転送の最小単位である。パケットに含まれる宛先や送信元はIPアドレスで指定され，通信規格には依存しない。一方，フレームは，ネットワーク機器でパケットを送信するために用いられる入れ物である。フレームの構造は，有線や無線など，ネットワークを構成する規格によって異なる。パケットをフレームにより運ぶ構造によって，どのようなネットワークであっても，パケットが送信できる仕組みがあればTCP/IPの通信が実現されるようになっている。

【3】インターネットは，通信を行うサーバーの宛先と送信元がわかれば，自動的に通信路が構成されるようになっている。つまり，サービスを利用するコンピューターは，インターネットにさえ接続されていれば，ネットワークの経路制御機能によって目的とするサーバーにアクセスできる通信路が構築されるため，サーバーが置かれている場所やどんなサーバーが使われているのか意識せずに利用できるようになっている。

【4】省略

【5】7.3.2を参照のこと。

【6】高速化された新しい通信規格への移行は，スイッチングハブやNICといったネットワークを構成する機器の置き換えは実施しやすいが，既に建物に敷設したケーブルの張り替えはコストなどの面で困難となることが多いことを踏まえた対応となる。つまり，建物に敷設する際には，コストなどが許す限り，できるだけ将来の通信規格にも対応できるケーブルを選択することが肝要といえる。その上で，時の経過とともに登場する新しいネットワーク規格に対応したスイッチングハブやNICへの置

き換えをコスト等の面で無理のない範囲で進めておき，高速化された通信規格に移行していくことになる。新しい通信規格への移行において，新しい規格のケーブルへの張り替えが要求されることもあるが，張り替えが困難となる場合はケーブルが対応する通信規格の範囲内での高速化を行う。

【7】

No.	NIC	スイッチ	選択される通信規格
1	1000Base-T	1000Base-T	1000Base-T
2	1000Base-T	100Base-TX	100Base-TX
3	100Base-TX	1000Base-T	100Base-TX
4	100Base-TX	100Base-TX	100Base-TX

第8章

【1】有線ネットワークのケーブルに相当する，伝送路を構成する周波数の範囲である。通信を行う機器どうしは同じチャネルを用いる。

【2】同時に利用できる組み合わせは，［1，5，9，13］，［2，6，10］，［3，7，11］，［4，8，12］という4つがある。

【3】2.4GHz 帯は，日本では 10mW 以下であれば免許不要で利用できる ISM バンドであり，無線 LAN に限らず Bluetooth やコードレス電話，電子レンジなどで用いられている。無線 LAN は利便性も高いことから，多くの家庭でも利用されるようになっており，人口密度が高い都市部のような地域であるほど電波干渉が発生しやすい状況になっている。干渉しないチャネルの組み合わせも少なく，2.4GHz 帯を用いる通信規格が多いことから，電波の干渉が発生しやすい。

【4】2.4GHz 帯と 5 GHz 帯を同時に使う利点は，無線通信の伝送路を 2 つ確保できることである。2.4GHz 帯は電波干渉が発生しやすい一方で，ほとんどの端末が対応しているため，モバイル端末を中心とした通信量が少ない端末の接続に利用する。また，5 GHz 帯は対応する端末は限られるものの，ISM バンドではないことから電波干渉は発生しにくいため，パソコンのように通信量が多く，利用する上で安定した通信を求める端末の接続に向いている。このように，周波数帯の特性を考慮しながら使

い分けて利用することができる。
【5】電源を取得するコンセントは，インフラとしてさまざまなところに設置されていることが多い。一方，ネットワークが普及したのは近年であり，有線LANの情報コンセントは至る所に設置されていないことや，ケーブルの取り回しが困難な場所にモノが設置されることもある。このため，今後さまざまな場所に新しく設置されることになるモノをネットワークに接続するには，取り回しなども考慮するとケーブルがないネットワークである無線通信が適していることになり，モノのインターネットの実現には無線通信が不可欠といえる。

第9章

【1】IPネットワークは，全世界に張り巡らされた通信のインフラといえる。新たにインフラを構築することは困難であることから，既存のインフラを活用しながらホームネットワークを実現するため，全てを取りまとめるネットワークとしてIPネットワークが用いられている。
【2】シームレスは，継ぎ目がない状態をいう言葉である。これまで家庭で用いられてきた機器は，それぞれ独立して動作していた。家庭にある機器がネットワークに接続されることで，さまざまな機器を連携させた利用が可能となる。ホームネットワークアーキテクチャーの導入によって，IPネットワークから接続方法の違いを意識せずに，つまり，シームレスに全ての機器へのアクセスが可能になることが利点である。
【3】ゲートウェイは，通信方法（プロトコル）の違いを変換する装置である。OSI参照モデルで考えると，全ての層の処理を行って通信を行うデータに含まれる意味を解釈し，接続したいネットワークに合うようにデータを変換して伝える装置といえる。TCP/IPと赤外線通信のように，全く異なった方法で通信を行う端末どうしの通信を実現するための装置である。
【4】プラグアンドプレイは，PCに周辺機器を接続すると，必要となるデバイスドライバーを読み込み，自動的に設定を行って利用可能にする

仕組みである。現在用いられているほとんどのOSに搭載されている。ネットワークを用いるアプリケーションの実行では，接続相手となる端末の指定など設定する項目が多く，ネットワーク設定を苦手とする利用者による操作が困難と予想される。プラグアンドプレイによって設定が自動化できるため，高度なサービスを多くの人に提供できるようになることが利点である。

【5】ネットワークで提供されるサービスを考えるとき，通信を行う機器どうしで何を行うか決めておくことが必要である。コンピューターはアプリケーション構築時に決めた動作しかできないためである。このため，接続する機器が提供する機能や，機器を組み合わせて提供するサービスがあらかじめ規格として定められる。規格そのものは機器やアプリケーションとは独立したものであるため，特定のメーカーや機種に依存しない，互換性の高いネットワークサービスが提供できるようになることが利点である。

第10章

【1】Bluetoothはコンピューターと周辺機器を接続することに注目したPANによる通信を実現する規格である。マスタースレーブ型による通信を行い，さまざまな周辺機器に対応できるよう，接続する周辺機器の種類に応じてプロトコルを切り替えるプロファイルという仕組みを持つ。一方，Wi-Fiはコンピューターどうしのデータ通信を実現する規格であり，CSMA/CAによる通信を行う。BluetoothとWi-Fiは通信速度も異なっており，互換性もない。

【2】Bluetoothは，通信を行う周辺機器に対応したプロファイルがコンピューターと周辺機器の双方に必要になる。ペアリングを行うプロファイルと周辺機器のプロファイルは別に存在するため，接続したい周辺機器に対応したプロファイルがコンピューターに存在しない場合，ペアリングができても通信が行えないことがある。

【3】NFCは，スマートフォンをタグやカードリーダーにかざすことを

きっかけに通信を行う。タグに書き込まれた情報をスマートフォンでかざしてアプリで読み取ることで，インストールされたアプリケーションを起動したり，端末の動作変更などが実現される。この仕組みを利用し，さまざまな機器にNFCが搭載されるようになった。Bluetoothスピーカーなど NFCを搭載した機器にスマートフォンをかざすことで，ペアリングや接続・切断・接続の切り替えを実現するなど，機器の使い勝手を改善するために利用されている。また，クーポンの取得などオンライン上の活動を実世界に反映する利用や，駅に張られたポスターにつけられたNFCタグを読み取ってオンライン上で情報を手に入れるといった，実世界の活動を仮想世界に結びつけるために用いられている。O2Oの実現が期待できることから，スマートフォンにNFCの搭載が進むようになっていると考えられる。

【4】クラシックBluetoothとBluetooth Low Energy（BLE）は，お互いに似た部分もあるが，異なる部分もある。似た部分としては，コンピューターに周辺機器を接続するために利用することである。違う部分は，BLEではコイン電池1個で1年以上持つといった超低消費電力の周辺機器が実現できること，iBeaconと呼ばれる位置情報を活用したアプリケーションの提供が可能であることである。このことから，周辺機器をコンピューターに接続する用途は主にクラシックBluetooth，タグや位置情報を利用したアプリケーションの利用はBLEといった使い分けが行われている。

【5】Wi-Fi Directは，アクセスポイントを使わずにWi-Fiを使ってコンピューターと周辺機器を接続する方法である。周辺機器がアクセスポイントの代わりとなる。利用の際，コンピューターが接続するアクセスポイントの設定を変更する必要があり，Wi-Fi Directで接続中はインターネットに接続できない場合が多い。一方，Bluetoothはコンピューターと周辺機器を接続する方法であり，Wi-Fi Directと同じような利用ができる。利用面ではどちらもほぼ同様の機能が提供されるが，Bluetoothは Wi-Fiに比べて省電力であるが通信速度は低速である。一方，Wi-Fi規格に基づくWi-Fi Directは高速通信を実現できるため，大容量データの受

け渡しにも対応できるという違いがある。

第 11 章

【1】M2M は，Machine to Machine を表す言葉である。センサーや家電など，自律して動作するさまざまなモノどうしが，人間の介在なしに情報交換を行う通信をいう。一方，IoT は，人間が介在する通信も含まれ，M2M よりも幅広い概念を持つコンピューターの利用形態である。クラウドというネットワークに存在する強力なコンピューターの力を基盤として，ユビキタスコンピューティングが発展した形態と考えることができる。ユビキタスコンピューティングについては 6.2.3 を参照のこと。

【2】M2M はモノ同士がネットワークを用いて人間の介在なしに情報交換を行う通信である。自律的に動作するモノは，何らかの目的をもって動作するため，通信特性も対象とするモノによって異なる。例えば，センサーであれば集めた情報を決められた時間までに分析をするサーバーに送信する機能が必要であり，監視カメラであれば動作中はずっと動画を安定して目的のモノに送信し続けることが必要になる。人感センサーのように感知したらすぐに通知先に伝えるモノもある。従来のデータ通信とは異なり，モノの動作は通信の締め切りに間に合わせることが求められるため，ベストエフォート型の通信回線では状況により対応できない可能性がある。このため，11.2.1 にあるように，モノの動作にあった通信品質を保証する機能がネットワークに必要になる。

【3】11.2.2 を参照のこと。

【4】複数のセンサーを組み合わせて情報を得ることで，個々のセンサーの不得意な部分を補うことが可能になる。例えば，位置を得る場合を考えると，GNSS によって緯度，経度，高度を得ることができる。しかし，計測には時間を要するため，モバイル端末などでは，Wi-Fi や 4G などの携帯電話通信網の基地局を使った位置検出の補助が行われている。また，GNSS によって存在する位置はわかるが，移動しない限り向いている方向はわからないため，コンパスと組み合わせて向かっている方向を検出

することがある。このほか，GNSS衛星が受信できないこともあるため，加速度センサーや気圧計，ジャイロを組み合わせて位置検出の補助を行うこともある。基本的にはGNSSから得られた情報を用いつつも，さまざまな情報を組み合わせて位置を検出することで，より精度の高い位置検出が実現されている。

【5】従来のWAN，MAN，LANを構成するネットワークは，より多くの端末をより高速に通信できることを目指した通信規格であった。一方で，近年接続されるようになったセンサーやアクチュエーターといったモノは，LANよりも広い場所に多数設置されることも多く，バッテリーによる年単位の長時間動作が期待され，取り扱うデータも少量であることから高速に通信することよりも，省電力，かつ，低コストで遠距離の通信に対応することが期待される。このため，従来の高速通信に必要となる機能を省き，通信機能をシンプルにすることで省電力，かつ，低コストで遠距離の通信に対応する通信技術である省電力広域無線通信技術（LPWA）が用いられるようになった。

【6】無線LANのようなアクセスポイントを中心としたスター型のネットワークは，通信を行うために端末は，アクセスポイントと通信を行うことが不可欠である。つまり，アクセスポイントと通信できる距離にネットワークを構成する端末を設置する必要があり，通信エリアはアクセスポイントを中心とした限られた範囲となる。一方，メッシュ型のネットワークは，無線LANのアクセスポイントに相当する機器との通信を行う必要があるが，直接通信ができない端末があっても，ネットワークを構成する端末による通信の中継が行われる。このため，アクセスポイントに相当する端末と通信を行う端末が離れすぎて通信が直接できない状態であっても，中間に存在する端末が中継することで通信を実現する。つまり，難しい設定をすることなくスター型よりも広いエリアを容易に通信エリアにできるという利点があることから，センサーネットワークなどでメッシュ型ネットワークが用いられるようになった。

第12章

【1】仮想マシンは，物理マシンが持つ計算機資源をハイパーバイザーで管理することで作り出されたコンピューターである。物理マシンの計算機資源が許す範囲内で仮想マシンを作成し，同時に実行することが可能である。

【2】仮想化技術を用いることで，物理ハードウエアのリソース分割が可能となり，物理マシンの数を削減しつつサーバーを構築することが可能となる。仮想マシンそのものはカプセル化されているため，ファイルとして取り扱うことでバックアップや，仮想マシンを実行する物理マシンの変更が容易になる利点がある。また，運用時に仮想マシンの台数を増減させたり，仮想マシンのスペックを増強することが可能になる利点もある。

【3】12.1.2(B)を参照のこと。

【4】マルチテナントモデルは，仮想化技術を用いて複数のユーザーでハードウエアやソフトウエアを共有するモデルである。ユーザーごとに専用のコンピューターやソフトウエアを利用するシングルテナントモデルよりも，安価にサービスを提供できる。

サービスモデルによって実現方法は異なる。IaaSではハードウエアを共有して仮想マシンをユーザーごとに提供する。PaaSでは，サーバーやデータベースの設計などを共有した仮想マシンをユーザーごとに提供する。SaaSではサーバーやデータベースの設計，アプリケーションを共有した仮想マシンをユーザーごとに提供する。マルチテナントモデルによって，ユーザーが同一のインフラを共有しながら個別のサービスを提供できるため，管理の手間を減らすことが可能になる。

【5】インターネットに接続されるコンピューター（デバイス）は，パソコンやスマートフォン，タブレットなどさまざまな種類がある。さまざまなデバイスで同じような機能を提供できるようにシステム構築を行うことをマルチデバイス対応という。

動作対象とする端末にアプリを提供し，クラウドを介して同じデータを共有できるようにしたシステムや，1つのWebアプリケーションで全てのデバイスに対応するシステムなど，実現にはさまざまな形態がある。

第13章

【1】自動運転を実現するには，走る，止まる，曲がるという自動車の基本的な制御に介入することが求められる。自動車の制御に介入するには，自動制御の判断に必要となる情報を取得し，制御対象となるデバイスに命令を出すことが必要になる。このため，運転支援システムは，制御対象となるデバイスが接続されている車載ネットワークとの連携を欠かすことができない。デバイスどうしのやりとりの情報を得ることができ，デバイスに命令を出すことができるためである。

【2】自動車の制御は，従来は機械を用いて行っていた。しかし，快適性や安全性を高め，より高度な制御を行うため，エンジンやパワーステアリング，サスペンション，ABSなど，さまざまな部分が電動化されるようになった。今では，用いられるコンピューターの増加とともに，ネットワークで接続を行い，お互いに連携させた動作が行われるようになった。制御の電動化やネットワークの導入という素地があることによって，運転支援や自動運転の導入が可能になっている。

【3】車載ネットワークは，同一のネットワーク内に接続されたデバイスどうしの通信を実現する，自車に閉じたネットワークであるため，ネットワーク内のアドレス（第2層）のみあればよく，異なるネットワークとの通信（第3層）を考える必要はない。一方で，デバイスどうしの通信が確実にできたかを確認すること（第4層）は必要である。このため，OSI参照モデルの第3層に相当する機能は不要となっている。

【4】省略

【5】自動車のインターフェースは，運転中のドライバーを邪魔しない操作性や情報提示を実現することが求められるためである。自動車の運転では，手はハンドルを握り，足でアクセルやブレーキのペダルを操作する。そして，目でフロントガラスから外界の様子を確認するとともに，

メーターパネルによって速度やエンジンの回転などを確認する。自動車の高度化によって，運転以外の操作や情報を把握することが必要になるため，ハンドル周辺にコントローラーを集中して配置したり，音声認識や音声合成によるインターフェースなどが試みられている。

【6】自動運転では，自動車で得られたデータをもとにクラウドで分析を行い，その結果をもとに自動車の動作を制御する。しかしながら，全ての情報をクラウドに上げて処理をすると，対応する台数も多いことから迅速な対応ができないこともあるため，できるだけ自動車に近いところで処理を行うエッジやフォグと呼ばれる計算機資源を設置し，迅速に処理を行って対応する形態が取られる。エッジやフォグは，主な処理を行うクラウドと利用者の間に置かれ，必要とされるデータ処理を低遅延で提供する計算機資源である。マイクロデータセンターと捉えることもでき，通常のデータセンターよりも低コストで多数設置し，分散処理を行うことができる。このため，端末数が増加してもエッジやフォグの設置数により対応できるスケーラビリティーがある。データセンターで行う高度な処理の前処理を担い，部分的なデータ収集に基づくリアルタイム解析を行うため，自動運転のような迅速なデータ処理の用途に適している。一定エリア内の通信処理の効率化を図るために，計算機資源を配置してエリア内の処理を低遅延で提供するコンピュータの利用形態を，**マルチアクセスエッジコンピューティング**（**MEC**（エムイーシー）：Multi-access Edge Computing）という。

第14章

【1】省略

【2】全てを独自に開発することが困難なほどにシステム開発の規模が大きくなり，開発に必要とする資源を他と差別化を図る部分に注力するためである。全てを開発するよりも開発期間の短縮につながることや，他メーカーとのサービスの互換性を確保することも可能になる。ソフトウエアの基本的な部分であるプラットフォームは，同様の機能を必要とす

る複数の会社が共同して開発することや，オープンソースの活用が行われることが多くなっている。

【3】プライベートアドレスは，インターネットで用いられることがないアドレスである。IPv4のアドレス枯渇の影響により普及が進んだが，プライベートアドレスで構築されたLANをインターネットに接続するためにアドレス変換が必要になった。IPアドレスは，通信を行うコンピューターを特定するアドレスであり，グローバルアドレスとプライベートアドレスが1：1に対応できる場合はよいが，1：多の対応となるために工夫が必要となっている。LANからインターネットへの通信の場合，戻りとなるコンピューターの特定は，ルーターに割り当てられた1つのグローバルアドレスとポート番号を組み合わせることで対応できる。しかしながら，インターネット側からLANへの通信は，ネットワーク全体を表すルーターのグローバルアドレスが1つであるため，LAN内のコンピューターを特定することが難しい。このため，LANに存在するコンピューターへのアクセスがインターネットから困難となっている。

【4】ネイティブアプリケーションは，動作対象となるコンピューターでのみ動作する。一方，HTML5によるWebアプリケーションは，Webブラウザーさえ動作すればどんな環境でも動作する。つまり，特定の機種に依存する部分が少なく，多くのコンピューターへの対応が容易であるため，HTML5によるアプリケーションがさまざまな分野で用いられるようになってきた。

第15章

【1】省略

【2】インターネットは，接続されたコンピューターがどこからでもアクセスできるエンドツーエンドによる通信が基本となって構成されてきた。IPv4アドレス枯渇の影響によってプライベートアドレスにより構築されたネットワークが増加することで，インターネット上でエンドツーエンドによる通信が困難になっている。IPv6への移行によってIPアドレス枯

渇問題が解決し，さまざまなコンピューターとエンドツーエンドによる通信の実現が期待されている。コンピューターは，パソコンやスマートフォンなどに限らず，センサーや家電などさまざまな種類があるため，ネットワークに存在する機器を組み合わせてサービスを作り上げることが可能になる。IPv6に移行することでIPv4の限られたアドレスでは連携できなかった機器と組み合わせることも可能となるため，IPv4よりも高度化されたサービスの実現が期待されている。

【3】IPv6はIPv4よりも高度な機能を持っているため，ネットワーク機能を実現するためにコンピューターのリソースがIPv4よりも必要になる。家電などコンピューターを制御のために搭載する特定用途向けの機器では，IPv6によるネットワーク機能を全て実装することが困難である場合がある。このため，IPv6の必要最小限の機能に絞り込み，リソースが厳しい機器でも実装できる情報家電向けIPv6が必要とされる。

【4】身近な例として，パソコンやスマートフォンのアプリケーション，AV家電などがある。オープンソースソフトウエアが利用されているかどうかは，ライセンス表示などによって確認できる。システムを動作させる上で必要になるOSや，ネットワーク機能，ライブラリーなど，アプリケーション動作の基本的な機能はオープンソースが用いられることが多くなっている。ライセンスに基づいた利用となるが，さまざまな開発者が利用しているために誤りが少ないことや，ソースコードが入手できるため修正が可能であるなどの利点があるためである。

【5】インターネットは，誰でも利用できる開かれたネットワークであるため，どんなコンピューターが接続されてもお互いに通信できることが求められる。メーカーや機種が異なるコンピューターであっても通信を実現するには，通信方法や，やりとりするデータの形式を規格として決める標準化が必要である。つまり，異機種の端末を相互に接続してやりとりを実現するために，標準化された技術がインターネットで用いられることが多いといえる。

【6】例えば，ネットワーク機能を持ったスマートLED電球を用いて生

活を豊かにすることを考えよう。従来の電球は，電気を ON/OFF することが基本的な機能であった。スマート LED 電球は，電球の色温度（color temperature）や色，光の強さをネットワーク経由で変化させることができる。心理学の知見を踏まえると，くつろぐときには暗めの赤い電球色，集中したいときは明るく青白い昼光色というように，人間の行っている作業に適した光の提供ができることになる。タイマーやセンサーと組み合わせて変化させることも可能であり，起床するときに明るい光を提供して目覚めをよくし，夜になると電球色でリラックスできる環境をつくるなど，モノが接続されたネットワークを利用することによって生活をする中で意識せずに快適な生活を実現する環境の構築ができる。同様の対応によって，ネットワークに接続され制御ができれば LED 電球以外のモノであっても，生活を豊かにするための環境を構築するために用いることができる。

索引

●配列は数字，アルファベット，五十音の順。

●か　行

●さ　行

●た　行

●な　行

●は　行

●ま　行

●や　行

●ら　行

著者紹介

葉田　善章（はだ・よしあき）

1975年　徳島県に生まれる
1998年　徳島大学工学部知能情報工学科卒業
　　　　徳島大学大学院工学研究科博士後期課程修了
　　　　日本学術振興会特別研究員
　　　　メディア教育開発センター助手などを経て，
現在　　放送大学准教授・博士（工学）
専攻　　情報工学，教育工学
主な著書　ユビキタスの基礎技術（共著 NTT 出版）
　　　　コンピュータの動作と管理（単著　放送大学教育振興会）
　　　　コンピュータ通信概論（単著　放送大学教育振興会）

放送大学教材　1570412-1-2011（テレビ）

改訂版　身近なネットワークサービス

発　行　　2020年3月20日　第1刷
著　者　　葉田善章
発行所　　一般財団法人　放送大学教育振興会
　　　　　〒105-0001　東京都港区虎ノ門1-14-1　郵政福祉琴平ビル
　　　　　電話　03（3502）2750

市販用は放送大学教材と同じ内容です。定価はカバーに表示してあります。
落丁本・乱丁本はお取り替えいたします。

Printed in Japan　ISBN978-4-595-32218-1　C1355